JN005505

まえがき

Men in black, international（2019 年に公開された映画）のセリフで，All the things happening in space are chemical reactions, any way. というのがあったと思う。まさしく宇宙で起こる事象の一つとして生命があるのだから，生命は発生から現在の活動に至るまですべて化学反応によって営まれている。固有の性質をもった粒子である原子が化学結合して分子となり，分子が集合して細胞を構築する。分子はまたたがいに関わり合うことで反応を起こし，生命体を運転している。

そんな生命の起源にも思いをはせつつ，生命探求の旅に出よう。1 章では生命活動を支える分子を俯瞰しよう。2 章では分子を構成する化学結合と分子間相互作用，3 章，4 章ではそれぞれ分子固有の性質と分子間相互作用を利用した物質分離を考え，5 章では生命体が分子集合体で組織されていることを理解しよう。6 章では生命活動を営む分子（粒子）の移動と輸送を考えよう。7 章では生命情報とその発現であるタンパク質合成を，8 章でタンパク質の構造を定義する。9 章ではタンパク質の働きとして受容体，酵素と基質の化学量論，結合阻害の定量的解析法を獲得しよう。10 章～12 章には代謝の異化と同化における化学反応を挙げている。これら代謝の化学反応では多くの酵素が関わっており（これについては，10 章～12 章の各章末の問題に挙げた），BRENDA，KEGG，PDB などインターネット上の検索エンジン，データベースも使いこなしてほしい。

ケミカルバイオロジーは総合化学で，物理化学，分析化学，有機化学，無機化学を軸に生命を理解し，あるいは積極的に生命活動を活用するための方法論である。この本は生命理解の扉を開けるのに必要な化学の key を提供する。各見開きの左右にやや広めの余白を設けたので，あなた自身の理解を助ける事項を書き込むノートとしてほしい。この本を終えるころにはあなたが獲得した知識と理解で余白が埋まり，生命と生命活動を理解するのに必要な知識と技能の涵養だけでなく，あなた自身がより知りたいと思う生命の謎が深まっていることを期待する。

2020 年 4 月

濱崎　啓太

目　　　　次

1. 序論　生命活動を構成する分子の概観

2. 生命体を形づくる共有結合と非共有結合

3. 分子の大きさと質量に基づく物質分離

4. 分子間相互作用に基づく物質分離　クロマトグラフィー

5. 粒子から組織へ　脂質の会合と細胞膜の形成

6. 物　質　輸　送

7. 生　命　情　報

8．タンパク質の構造

9．タンパク質の働き

10．生命活動を可能にするエネルギーの獲得

11. 生命活動を維持するエネルギーの蓄積

12. 生命活動を維持する分子の合成

1章 序論 生命活動を構成する分子の概観

生命体は発生初期の段階で生命体を構成する元素を選択している。生命を構成する分子に含まれる主たる元素は，炭素，窒素，酸素，水素，リンである。一方，地殻には酸素に次いでケイ素が多く存在する。ケイ素は炭素と同様に sp^3 混成オービタルを形成し正四面体構造で元素間の結合を伸長することができるが，多くの生命体には採用されなかった†。これら選択された元素を用いて単細胞生命体からヒトに至るまで，細胞を構築する共通の分子が存在する。それは核酸，タンパク質，脂質である。脂質が細胞膜を構築し，タンパク質は生命に必要な化学反応を制御している。そしてタンパク質を合成するために必要な生命の情報は核酸（DNA）に記録されている。

† 海洋性プランクトン，藻類，シダ植物などごく少数の種は二酸化ケイ素の組成で生命体を構成しているものがある。

1.1 生命はどこで生まれたのか？

生命の最小単位である細胞を構成する分子のうち，質量比で 70％を占めるのが水である。この水と細胞を構成する有機物を除いた人体の元素組成を調べると，地表，岩石中の元素組成よりも，海中のそれに相関性があることから，地球の生命体は浅い海中で発生したと考えられてきた。しかし，酸性，アルカリ性，あるいは高温の水中でも生息する極限生物が相次いで発見され，深海の海底火山の火口付近，地表の温泉など過酷とも思われる場所も生命発生の候補に挙がっている。いずれにせよ水の存在は不可欠である。

水は純溶媒では最も極性が高く，化学反応が進行する反応場としては必ずしも有効ではないにもかかわらず，生命が発生，生息する必要条件になっている。生命活動にはタンパク質，脂質，糖質などの有機物のみならず，ナトリウム，カリウム，鉄などの金属イオンも必要になる。電解質を溶解しイオンとして運用するために，水は不可欠な要素なのである。一方，高極性溶媒である水中では，脂質など低極性物質はたがいに会合し自己集合することになり，これが細胞膜の形成，タンパク質の折り畳みなどの駆動力になっている。

かつては，アミノ酸，核酸，脂質などの生命を構成する分子は，地球上で合成された[†1]と考えられていたが，宇宙から飛来した隕石[†2]から，アミノ酸のみならずアデニン，グアニンなどの核酸塩基およびそれらの誘導体，脂質前駆体となる可能性のあるカルボン酸などが見つかっている。これらの事実から，生命体が誕生したのは地球上としても，生命を構成する分子は宇宙空間で合成され，隕石などによって地上にもたらされたという説がより有力になっている

[†1] 1953年にStanley Loyd Millerがカリフォルニア大学バークレー校の大学院生であったころ，Harold Urey教授の下でメタン，アンモニア，水素，水の混合気体に放電することで，アミノ酸を含む有機化合物が合成されることを実験で示したことに端を発する。

[†2] 1969年オーストラリア，マーチンソンに落下した隕石。2008年スーダン北部に落下した隕石は1 100℃の高温にさらされていたにもかかわらずアミノ酸が見つかった。2019年にも南極で採取された隕石からアデニン，グアニンなどの核酸塩基が見つかった。

1.2　アミノ酸のホモキラリティー

タンパク質（protein）は**アミノ酸**（amino acid）を**単量体**（**モノマー**，monomer）とする**重合体**（**ポリマー**，polymer）で，タンパク質を構成する**L-アミノ酸**は20種類ある。グリシン以外のL-アミノ酸にはその**鏡像異性体**（**エナンチオマー**，enantiomer）である**D-アミノ酸**が存在するが，地球上の生命体を構成するタンパク質に採用されているのはL-アミノ酸のみの**ホモキラリティー**（homochirality）である。D-アミノ酸は細菌の細胞壁，ペプチドグリカンなどごく限られた用途でしか採用されていない。タンパク質を構築するアミノ酸にはなぜホモキラリティーが必要なのか？ その理由はキラリティーをもたないポリマーの例として，ナイロン6（nylon 6）を見ることで理解できる。**図1.1**にナイロン6とポリアラニンの構造を示した。両者の構造を見比べてほしい。ナイロン6はε-アミノカプロン酸（ε-aminocaproate）を単量体としておりタンパク質（**ポリペプチド**，polypeptide）と同様にペプチド結合でつながれたポリマーである。このポリマーはたがいに会合して繊維を形成する。しかしナイロン6がタンパク質のような高次構造（二次構造，三次構造，四次構造）を形成することはない。また，L-アミノ酸で構成されるポリペプチドのアミノ酸の一つをD-アミノ酸で置き換えるとそこで高次構造の規則性が損なわれる。アミノ酸のホモキラリ

ナイロン6　　　ポリペプチド（ポリアラニン）

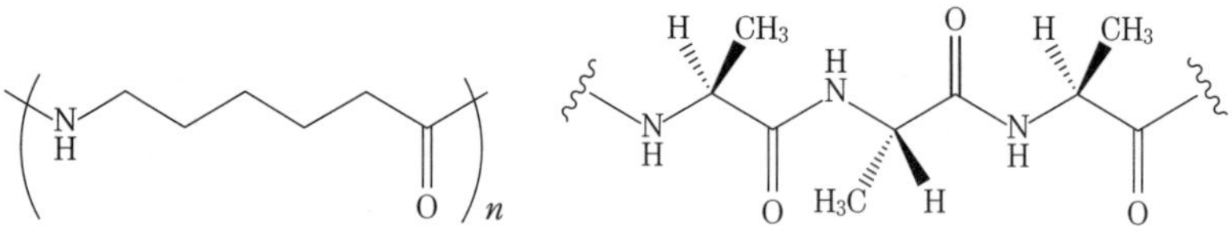

図1.1　ナイロン6とポリペプチド（ポリアラニン），構造の相違

ティーは，タンパク質が二次構造[†1]以上の高次構造体を形成するための必要条件といえる。

天然のアミノ酸は，その側鎖の化学的性質で，酸性（陰イオン，negative charge），塩基性（陽イオン，positive charge），**疎水性**（hydrophobic），水素結合（hydrogen bond）の供与性と受容性，などに分類することができる。その他の特異な性質も含めて後述の図1.2にアミノ酸側鎖の性質に基づく分類例を示している。酸性，すなわちプロトン供与性のアミノ酸には**アスパラギン酸**（aspartate，D），**グルタミン酸**（glutamate，E），**チロシン**（tyrosine，Y）が該当し，水素イオンを解離することでアスパラギン酸とグルタミン酸はカルボキシレート，チロシンはフェノレートとして負の電荷（negative charge）をもつことができる。塩基性のアミノ酸は，**アルギニン**（arginine，R），**リジン**（lysine，K），**ヒスチジン**（histidine，H）があり，水素イオンと結合し，自身はアンモニウムイオンとして正の電荷（positive charge）をもちうる。酸性アミノ酸，塩基性アミノ酸の側鎖はたがいに相補的なイオン対[†2]としてタンパク質内，あるいはタンパク質間で静電相互作用をすることで，構造形成，あるいは構造の安定化に寄与している。

疎水性アミノ酸には**アラニン**（alanine，A），**バリン**（valine，V），**ロイシン**（leucine，L），**イソロイシン**（isoleucine，I）など，脂溶性（lipophilic）のアルキル鎖をもつもの，**フェニルアラニン**（phenylalanine，F），**トリプトファン**（tryptophan，W）など芳香環，複素環をもつものがある。これら水溶性に乏しい側鎖は水溶液中では水分子との接触を避け，たがいに会合する傾向がある。これを**疎水性相互作用**（hydrophobic interaction）と呼び，これはタンパク質を水溶液中で適正に折りたたむ駆動力となっている。多くの水溶性の球状タンパク質がこのような疎水性側鎖を内側に，親水性，イオン性の側鎖を外側に向けて折りたたまれていることがわかっている。

セリン（serine，S），**トレオニン**（threonine，T）は水酸基をもっており，アスパラギン酸とグルタミン酸のカルボキシレートがアミド化された**アスパラギン**（asparagine，N），**グルタミン**（glutamine. Q）はいずれも水素結合を形成しうる。

セリンの水酸基をチオール基に代えた**システイン**（cysteine，C）は，酸化されてジスルフィド結合を形成し，タンパク質内，タンパク質間で架橋構造を形成し，三次構造，四次構造をそれぞれ安定化する。一方，チオエーテルを側鎖にもつメチオニン（methionine，M）はジスルフィ

[†1] タンパク質の二次構造とペプチド結合を挟んだ二面角の関係は，8章「タンパク質の構造」を参照されたい。

[†2] **ソルトブリッジ**（salt bridge）と呼ばれる。

ド結合を形成することはなく，疎水性の側鎖である。

グリシン（glycine，G）は唯一，**光学不活性**（optically inactive）なアミノ酸である。側鎖が環化（cyclization）している**プロリン**（proline，P）は，グリシンとペプチド結合を形成する際 β–ターン構造†を形成しやすい。**図1.2**に，タンパク質を構成するこれらアミノ酸を，側鎖の性

† 8章「タンパク質の構造」を参照。

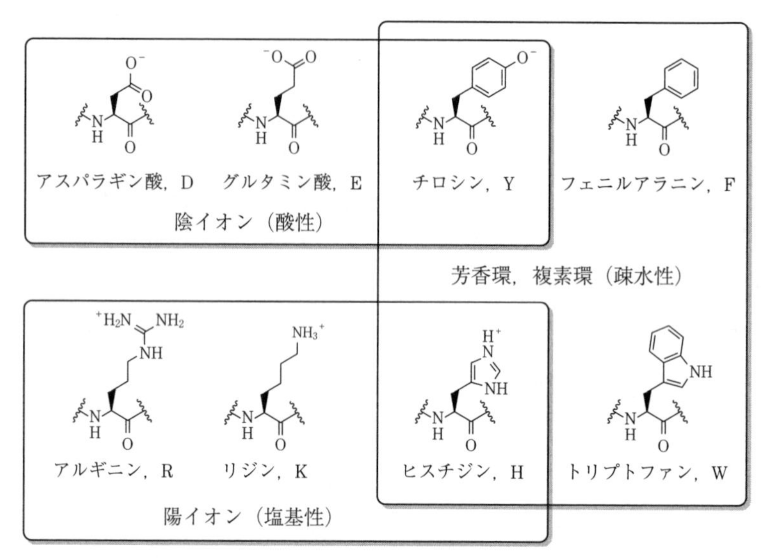

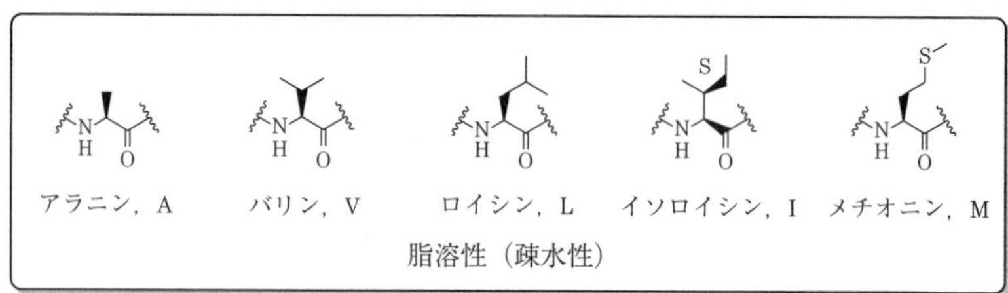

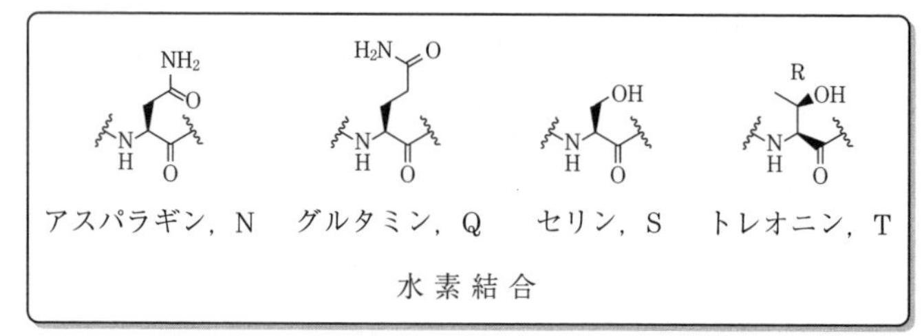

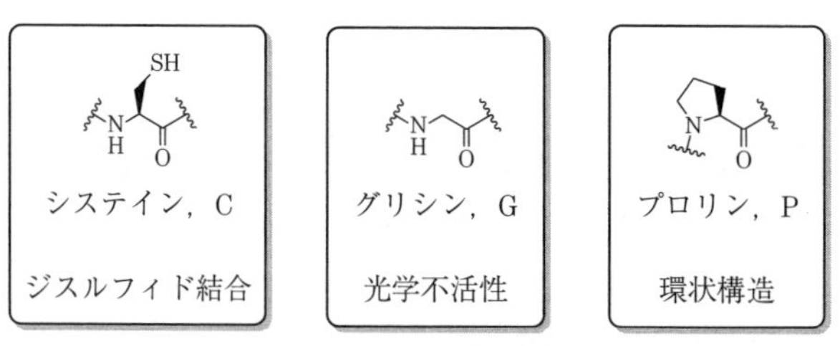

図1.2　タンパク質を構成する20種類のアミノ酸，側鎖の性質による分類（一文字表記のアミノ酸記号が名称の頭文字でないものもある）

質により分類して示す。

1.3 核酸のホモキラリティー

リボ核酸（ribonucleic acid，**RNA**）と**デオキシリボ核酸**（deoxyribonucleic acid，**DNA**）を総称して**核酸**と呼ぶ。核酸は**リボース**（ribose），**リン酸**（phosphate），**核酸塩基**（nucleobase）から構成される。核酸塩基は**プリン**（purine）**型**の**アデニン**（adenine，A）と**グアニン**（guanine，G），**ピリミジン**（pyrimidine）**型**の**シトシン**（cytosine，C），**チミン**（thymine，T），**ウラシル**（uracil，U）があり，RNAを構成するのはA，C，G，Uで，DNAを構成するのはA，C，G，Tである。また，RNAは**D-リボース**（D-ribose），DNAは**D-2-デオキシリボース**（D-2-deoxyribose）により構成されている。**図1.3**に核酸を構成するパーツとなる分子構造を示した。DNAとRNAを構成するデオキシリボース，リボースの相違点は2位の水酸基の有無だけであるが，この相違がRNA，DNAの構造と機能（働き）†に大きな相違を与えている。タンパク質がL-アミノ酸のホモキラリティーをもっているのに対し，核酸はD-リボースのホモキラリティーもっており，DNAは二重らせん構造を，RNAは部分二重らせん構造に加え，ループ，バルジを含んだより複雑な構造を形成する。また，リン酸は生命エネルギーのメディ

† 7.2節「DNAとRNAの構造」を参照。

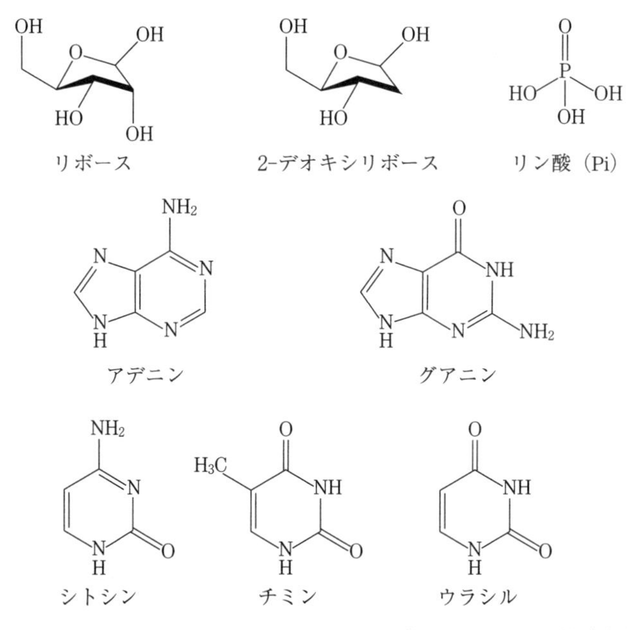

図1.3 リボース，デオキシリボース，リン酸，および五つの核酸塩基

エーターを担うばかりでなく，生命反応を特異的に進める酸無水物として求核置換反応に対する脱離基を提供し，アルコール性水酸基の保護基としても働く。

RNAは自己触媒機能をもち（リボザイム），自身で遺伝情報を編集することができる。また，遺伝情報の発現結果であるタンパク質の合成量を非翻訳RNAが調整していること（リボスイッチ）[†1]に加え，複数の隕石からリボースが見つかっていること，またRNAを構成する単量体が原始大気中にも存在したと考えられている簡単な分子，リン酸，シアノニトリル，二酸化炭素，窒素分子から合成できることが実験的に示された（**図1.4**）ことから[1),†2]，生命活動がRNAから開始されたとする**RNAワールド説**[2),†3]が強く支持されるに至っている。

†1 リボスイッチ，リボザイム，共に7章「生命情報」参照。

†2 Mathew W. Pownerらが2009年に，Nature, **459**, 239に発表した。なお，肩付番号1), 2), …は，巻末の引用・参考文献の“参考文献”の番号を表す。

†3 1993年にCold Spring Harbor Laboratory Pressから“The RNA world”が出版された。

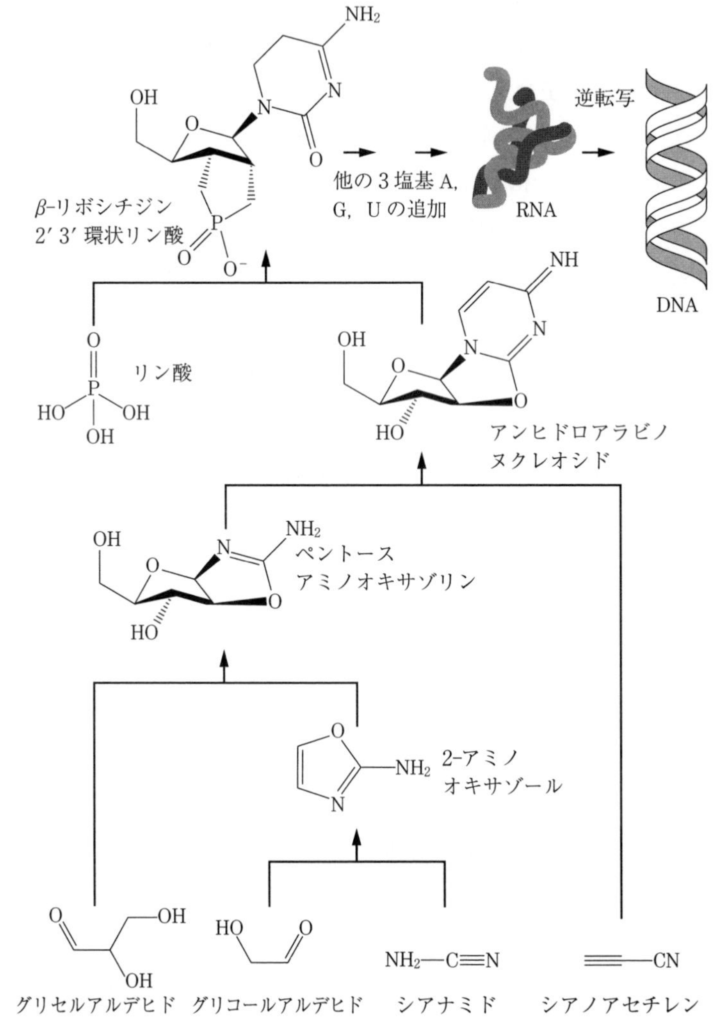

図1.4　四つの簡単な化合物からRNA，DNAへの分子進化

1.4 糖質，アミロース，セルロース

単糖，およびこれが重合した**オリゴ糖**，**多糖**を総称して**炭水化物**または**糖質**（carbohydrates）と呼ぶ。単糖は示性式 $(CH_2O)_n$ で定義されている。糖には不斉炭素が存在するため，同一示性式の糖に複数の**光学異性体**が存在する。一般に不斉炭素の数が n 個であるとき，光学異性体（stereo isomer）の数は 2^n 種類になる。炭素数が 6 以上の単糖は水溶液中では開環した鎖状構造体と，閉環した環状構造体が存在し，環状構造体は五員環の**フラノース**（furanose）と六員環の**ピラノース**（pyranose）の二つに分類できる。D-グルコースについて**鎖状構造**（開環）から**環状構造**（閉環）への遷移を**図 1.5** に示した。

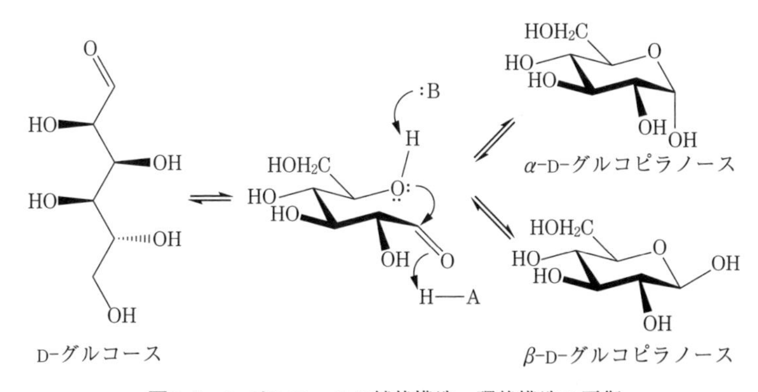

図 1.5　D-グルコースの鎖状構造，環状構造の平衡

カルボニル基を含むアルデヒドはこの炭素を中心に 120° で結合が伸びる平面構造なので，閉環の際の 5 位の水酸基から 1 位のカルボニル炭素にエーテル結合が生じた結果，1 位の新たな水酸基が 2 位の水酸基に対してシス位である場合は **α-D-グルコース**（glucose），トランス位である場合は **β-D-グルコース**となり，二つの構造異性体が存在する。**図 1.6** に異なる二つのグリコシド結合とそれらから構成されるポリマー，アミロース (a) とセルロース (b) の化学構造を示した。α-D-グルコースをモノマーとするポリマーが**アミロース**（amylose）で，アミロースは **α(1→4) グリコシド結合**（glycosidic bond）で連結し伸長しているため，らせん構造を形成する。アミロースが **α(1→6) グリコシド結合**により分岐し，植物では生命体のエネルギー源（栄養）の一つとしてアミロペクチンをデンプンなどの形で蓄えている。一方，動物のエネルギー源（栄養）貯蔵方法の一つであるグリコーゲン (c) は，より多くの

α(1→4) グリコシド結合

（a）　アミロースを形成する α(1→4) グリコシド結合と
(1→4)-O-(α-D-グルコピラノシド) ポリマー

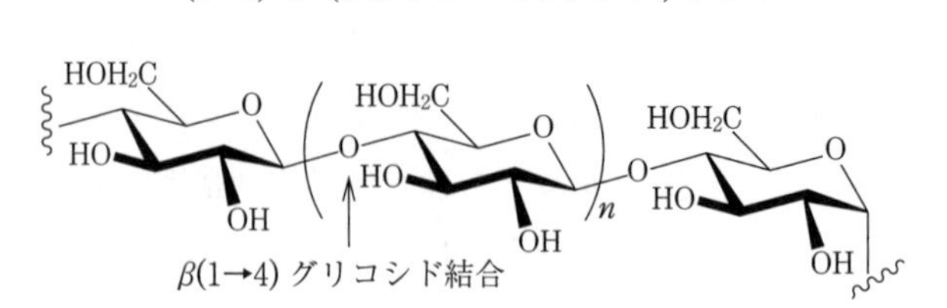

（b）　セルロースを形成する β(1→4) グリコシド結合と
(1→4)-O-(β-D-グルコピラノシド) ポリマー

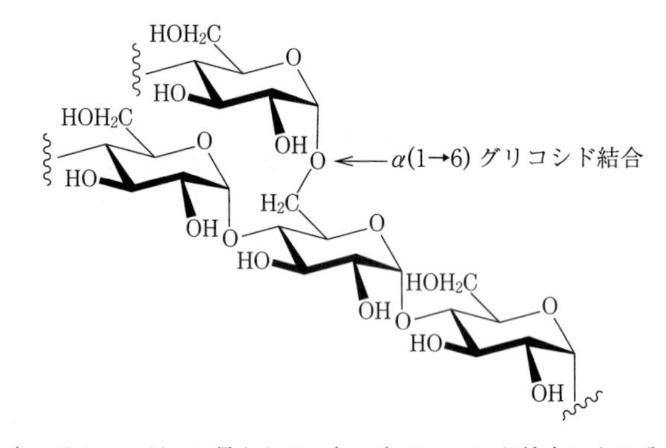

（c）　グリコーゲンに見られる α(1→6) グリコシド結合による分岐

図 1.6　異なる二つのグリコシド結合とそれらから構成されるポリマー

α(1→6) グリコシド結合を含んでいる。また，β-D-グルコースをモノマーとするポリマーが**セルロース**で，セルロースは β(1→4) グリコシド結合で直鎖状に伸長し，セルロースポリマー鎖同士が会合して繊維を形成する。セルロースは植物の構造体を形成する主たる高分子である。

糖質は，他にも複数の糖がグリコシド結合により連結したオリゴ糖が知られている。複雑に分岐したオリゴ糖は細胞膜表面の膜タンパク質に翻訳後修飾され，表在性膜タンパク質の細胞膜への定着[†]に，またその構造の多様性から細胞認識に関わっている。

[†] 5.4 節「膜タンパク質と細胞膜」を参照。

1.5 脂質，細胞膜

疎水性の原子団（多くはアルキル鎖）と親水性の原子団（アミノ基，水酸基など）がつながった分子は**両親媒性**（amphiphilic）と呼ばれ，単体で水に可溶であるが水溶液中では疎水性相互作用により会合体を形成する。疎水性の原子団（アルキル鎖部分）が一本の脂質は**ミセル**（micelle）を形成し，界面活性剤（石鹸，洗剤）として働く。界面活性剤は疎水性のアルキル鎖を内側に，親水性の原子団を外側（水分子側）に向けて会合するため，衣服や皮膚表面の皮脂による汚れを取り込んでミセルを形成することで皮脂汚れを可溶化して洗い流す。一方，細胞膜を形成する脂質は二本のアルキル鎖をもつ。この二本のアルキル鎖の尾部を付き合わせる形で集合体を形成し，脂質二分子膜†を形成する。**図1.7**にこれら脂質の例としてドデシル硫酸（dodecyl sulfate），コレステロール（cholesterol），ホスファチジルコリン（phosphatidyl choline）を示した。これら脂質の構造の相違に留意してほしい。

† 5.3節「脂質分子の会合と細胞膜の形成」，11.3節「細胞膜を構成する脂質の合成」を参照。

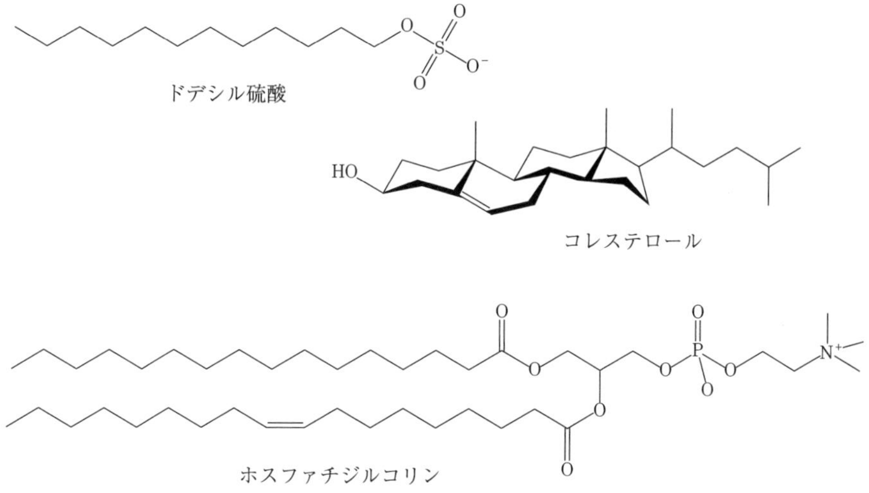

ドデシル硫酸

コレステロール

ホスファチジルコリン

図1.7　ドデシル硫酸，コレステロール，ホスファチジルコリン

章 末 問 題

—この章の理解を深めるために—

問題 1-1　天文学者が，惑星に生命体の存在する可能性の条件として，水の存在を挙げるのはなぜか？

問題 1-2　地球上の生命体を構成するタンパク質に採用されているのはL-アミノ酸，核酸に採用されているのはD-リボースである。なぜ，片方の異性体のみ（ホモキラリティー）が採用されているのか？

問題 1-3　ナイロン6とタンパク質の共通点と相違点はなにか？ ナイロン6がタンパク質のような高次構造を形成しないのはなぜか？

問題 1-4　グリコーゲンとアミロースは熱水に溶ける。アミロペクチンとセルロースは熱水にも溶けない。このような多糖類の物性はこれらポリマーの構造のいかなる相違によるものか？

問題 1-5　ラウリル硫酸ナトリウム（sodium dodecyl sulfate，SDS），ホスファチジルコリン（phosphatidyl choline）は共に水溶液中で自己会合する。これらの脂質分子が会合した際の形態の相違を述べなさい。またそれらの形態の相違は，脂質分子のいかなる構造から説明できるか？

2章 生命体を形づくる共有結合と非共有結合

生命体は多種そして多数の分子で構成されており，分子は元素の共有結合から形成されている。そして分子間に相互作用が生じ会合することで，組織，細胞となり生命体が形成される。一般に化学結合が自発的には切断されることのない不可逆な結合であるのに対し，分子間相互作用は可逆な会合である。分子はこれを取り巻く状況，環境の変化に依存して会合し，また離散することもできる。この分子間相互作用における可逆性が分子で構成される組織に柔軟性をもたらしており，生命体の環境適応をも可能にしている。

2.1 イオン結合と共有結合

一つの原子が他の原子に電子を提供し，自身は陽（+）イオンとなり，相手の原子は電子を受け取ることで陰（−）イオンとなる。このとき二つの原子は**静電相互作用**（electrostatic interaction）によって結び付き**イオン結合**（ionic bond）する。陽（+）と陰（−）のイオンが交互に配列されるため，多くのイオン結合化合物はイオン結晶（常温で固体）を形成する。しかし水に溶解すると解離し，水溶液中では陽イオンと陰イオンとして個別に存在する。また常温で液体として存在する有機物のイオンによる塩は，**イオン液体**（ionic liguid）と呼ばれている。

一方，**共有結合**（covalent bond）は，結合を構成する二つの原子がたがいに一つずつ最外殻の**不対電子**（unpaired electron）を提供し，新たな**分子オービタル**（molecular orbital）を形成する†。**図2.1**にイオン結合と共有結合の相違を点電荷により示した。分子は複数の原子の共有結合により形成されている。共有結合はこれが形成される際のオービタルと結合の方向が分子の構造（かたち）を決定づけていく。原子のsオービタル間の重なり（σ結合），pオービタル間の重なり（π結合）では，座標軸（x, y, z）の延長にすぎないが，sオービタルとpオービタルが混成することでさらに結合の方向と分子の形の多様性が獲得される。生命を構成する分子の主たる骨格を形成する炭素は，**図2.2**に示す

† かつてオービタル（orbital）は「軌道」と翻訳されていたが，量子力学の説明するorbitalは電子の軌跡（軌道）ではなく，電子の存在する確率が高い空間，範囲を意味しているので，現在では軌道と区別するため，オービタルと表記するようになった。

Na・ + ・Cl: ⟶ (Na$^+$)(:Cl:$^-$)

イオン結合，塩化ナトリウムの中で，ナトリウムと塩素はそれぞれネオンとアルゴンの電子配置になっている

H・ + ・O・ + ・H ⟶ H:O: H

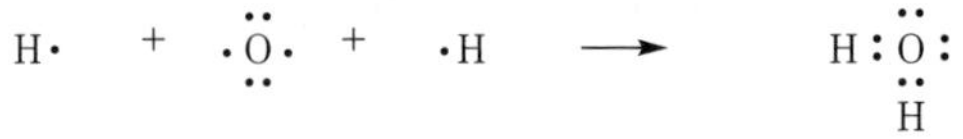

共有結合，水分子の中で水素と酸素はそれぞれヘリウム，ネオンの電子配置になっている

水の分子オービタル
分子オービタルの反発により，結合角は90°より大きい104.5°になっている

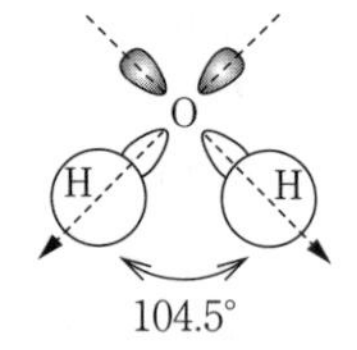

図 2.1　イオン結合の塩化ナトリウムと共有結合の水

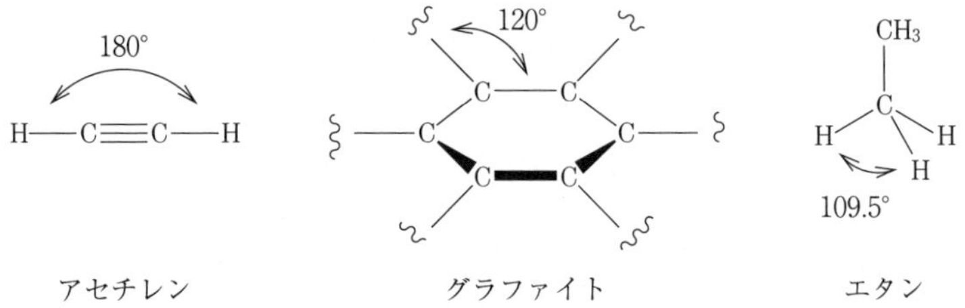

180°　H—C≡C—H

120°　グラファイト

CH_3　C　H　H　H　109.5°

アセチレン　　グラファイト　　エタン

図 2.2　炭化水素の混成オービタル（アセチレン，グラファイト，エタンは sp, sp^2, sp^3 混成オービタルで，それぞれ 1 次元（直線），2 次元（平面），3 次元（立体）構造になる）

ように，sp, sp^2, sp^3 **混成オービタル**（hybrid orbital）を形成し，結合角は 180°，120°，109.5° で，それぞれ 1 次元（直線），2 次元（平面），3 次元（立体）方向に共有結合を伸長する。

共有結合は一般的には不可逆な結合形成であり，共有結合を解消（切断）した後も分子として存在するためには，その結合を別の元素または原子団との結合で置き換える必要がある。タンパク質の加水分解[†1]では，ペプチド結合[†2]が断裂したのちも，窒素は水素と，カルボニルの炭素は水酸基と新たな結合を形成し，それぞれアミノ基とカルボキシル基になる。実際，生命体は，分子を分解し，また新たな結合を形成することで分子の構築を繰り返し，生命活動を維持している。

†1 9.8 節「酵素の活性中心を構成するアミノ酸側鎖」を参照。

†2 アミド結合ともいう。

2.2　配位結合と金属タンパク質

水素イオン，金属イオンなど陽イオンは，**非共有電子対**[†3]（unshared

†3 **孤立電子対**（lone pair）ともいう。

electron pair）をもつ分子または原子団など**電子供与体**（electron donor）と結合をつくる。これを**配位結合**（coodinate bond）と呼び，陽イオンに対する電子供与体を**配位子**（ligand，**リガンド**）と呼ぶ。**図 2.3** に示すアンモニア，水はそれぞれ一組，二組の非共有電子対をもっており，これらが配位子となって水素イオンと配位結合した結果生じるのが，それぞれアンモニウムイオン，オキソニウムイオンである。ひとたび形成された配位結合は，元々存在している共有結合とは実質的に同じであり区別できない。

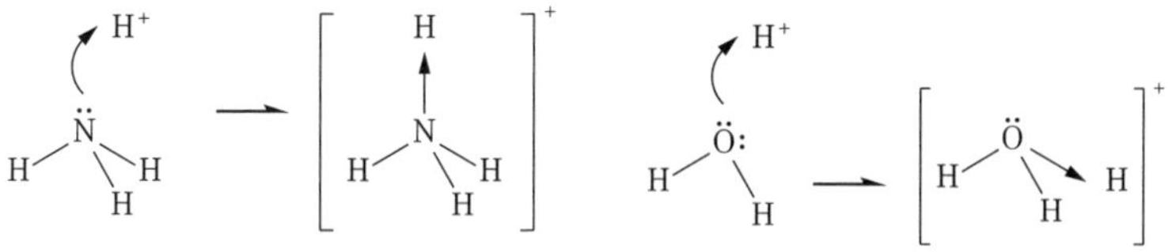

図 2.3 アンモニアと水は水素イオンに配位し，それぞれアンモニウムイオン，オキソニウムイオンになる

タンパク質も，さまざまな金属イオンと配位結合することにより**金属タンパク質**（metalloprotein）として複合体を形成している。タンパク質の中で配位結合により金属を捕捉する原子団は，ペプチド結合を形成している主鎖のカルボニル基，水素原子が脱離した主鎖のアミノ基，側鎖ではシステインのチオール，ヒスチジンのイミダゾール（imidazole），アスパラギン酸のカルボキシレート，チロシンのフェノレート，メチオニンのチオエーテルである。**ジンク**（Zn）**フィンガー**[†1]はβ-ターン上の二つのシステインの側鎖チオールとα-ヘリックス上の二つのヒスチジンの側鎖イミダゾールが配位子となり，二価亜鉛イオン（Zn^{2+}）に配位することで折りたたまれた三次構造を形成している（**図 2.4**）。

[†1] ジンクフィンガー（zinc finger）[3)]は DNA に結合するタンパク質に見られる構造体である。

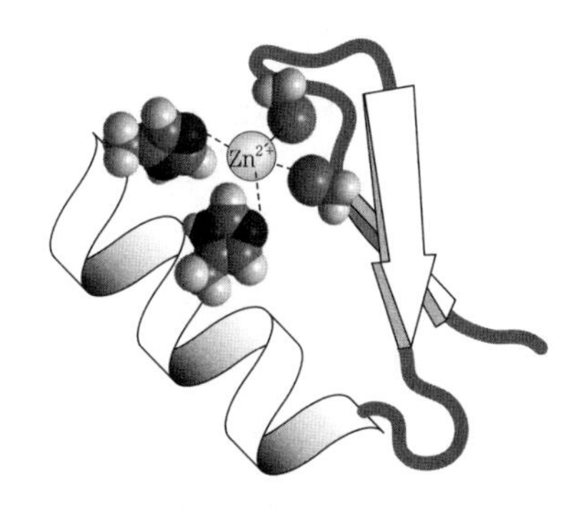

図 2.4 ジンク（Zn）フィンガーは二価亜鉛イオンへの配位結合を介して三次構造へ折りたたまれる

赤血球中に存在するタンパク質，ヘモグロビン[†2]の場合は，酸素分子を捕捉しているのはタンパク質の側鎖だけではなく**ヘム**（heme）が関わる。ヘムはタンパク質とは独立の化合物で，**ポルフィリン**

[†2] ヘモグロビンについては 8.4 節「タンパク質の四次構造」，9.5 節「受容体に対する基質結合の協同性，協同性の判定」を参照。

(porphyrin，有機化合物）を構成する窒素，およびヘモグロビンを構成するヒスチジンの側鎖であるイミダゾールの窒素上の非共有電子対が，二価鉄イオン（Fe^{2+}）に配位結合している。植物の光合成に携わる**クロロフィル**（chlorophyl）もポルフィリン骨格をもっているが，鉄ではなく二価マグネシウムイオン（Mg^{2+}）と配位結合している。**図 2.5** に示した動物由来のヘムと植物由来のクロロフィルの構造の類似に留意してほしい。

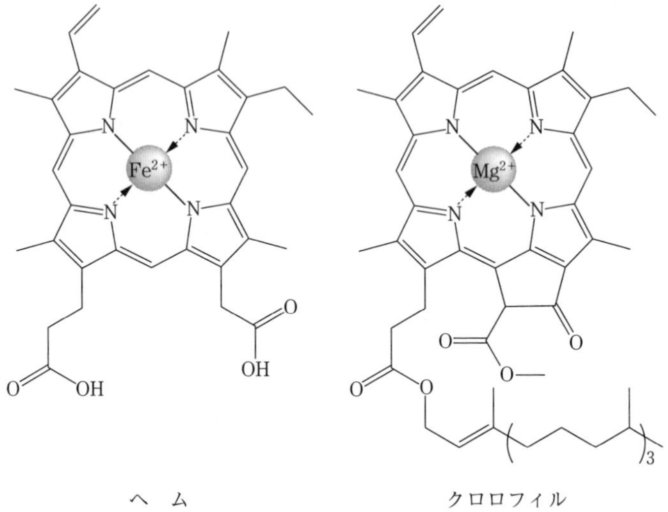

図 2.5　配位結合，配位子と金属イオン，ヘムとクロロフィル

配位結合は他の配位子で交換することができる。実際，水溶液中で金属イオンは水が配位した水和イオンとして存在しているが，これがタンパク質の不対電子対をもった酸素原子，窒素原子と配位子交換[†1]し，金属タンパク質複合体が形成される。ヘモグロビンでは，ヘム鉄を配位結合している二つのヒスチジンの側鎖であるイミダゾールのうち，一つが酸素分子を介して鉄と結合することで酸素分子[†2]を捕捉している。

[†1] 4.4 節「分子特異な相互作用に用いる物質分離」を参照。

[†2] 2 価の鉄イオン（Fe^{2+}）は 6 配位なので，ポルフィリンからの四つの配位子（図 2.5）の他，ヘモグロビン中の二つのヒスチジンの側鎖であるイミダゾールが配位子を提供しているが，酸素分子の結合時にはイミダゾールから酸素へと配位子交換が起こる。

2.3　水　素　結　合

水素結合（hydrogen bond）を形成する元素は水素を受容体とし，結合の供与体となる元素はフッ素，酸素，窒素など非共有電子対（孤立電子対）をもつ元素に限定される。液体の水は，水分子中の酸素原子が他の水分子の水素原子と交換可能で可逆な水素結合した状態であり，氷は，固体として存在するかぎり交換不可能で，不可逆な水素結合を形成した状態である。水素結合は接触型の相互作用で，水素と水素結合を形成しうる酸素，窒素などが接触した際に，これらの原子のもつ非共有電子対と水素原子の正電荷の間に静電相互作用が生じ，可逆的に水素結合が形成される。DNA，RNA は相補的な塩基，アデニンとチミン（DNA）あるいはウラシル（RNA），グアニンとシトシンとの間で水素結合が形成され，二重らせん構造を形成する。**図 2.6** には，RNA の Watson-Click 型塩基対に生じる水素結合を点線で示した。また，タンパク質は，主鎖の水素結合により二次構造に折りたたまれ，側鎖の相互作用によりさらに三次構造，四次構造へと折りたたまれる[†1]。

[†1] タンパク質の折りたたみは 8 章「タンパク質の構造」を参照。

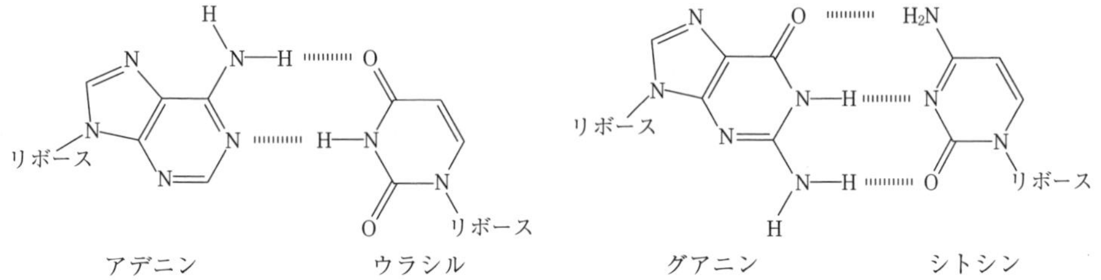

アデニン　ウラシル　グアニン　シトシン

図 2.6　RNA の核酸塩基間に生じる Watson-Click 型水素結合

2.4　双極子モーメント

双極子モーメント（dipole moment）μ は，2 点間の距離が d，電荷が Q のとき，電荷と距離の積 $\mu = Qd$ の大きさをもち，負電荷から正電荷に向かう方向をもつと定義されている。また，二つの原子間に共有結合が形成され，これら二つの原子に電気陰性度（電子密度）の差が存在するとき，**電気陰性度**（electron negativity）の高い原子から低い原子に向かって双極子モーメント[†2]が生じる。双極子モーメントは，方向と大きさを伴う量であり，ベクトルとして扱うことができる。三原子以上の原子で構成される分子では，二つの原子で構成される双極子モーメントの合成ベクトルになる。

[†2] 磁荷に対して定義される磁気双極子モーメントと区別するため，電気双極子モーメントと表記することもある。

元素の電気陰性度の差によって生じる双極子モーメントは，その分子につねに存在するので**永久**（permanent）**双極子モーメント**とも呼ぶ。永久双極子モーメントをもつ分子は**極性分子**（polar molecule）となり，もたない分子は**無極性分子**（nonpolar molecule）である。分子を構成する原子間に部分双極子モーメントが生じても，分子全体では双極子モーメントがたがいに打ち消し合い，無極性分子となることもある。**図 2.7** には，双極子モーメントの定義を示し，また水分子，二酸化炭素分子中

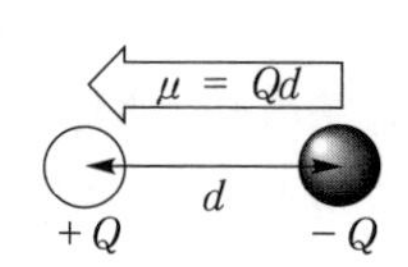

双極子モーメント，定義

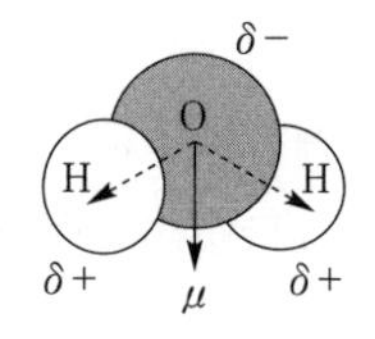

水分子の双極子モーメント

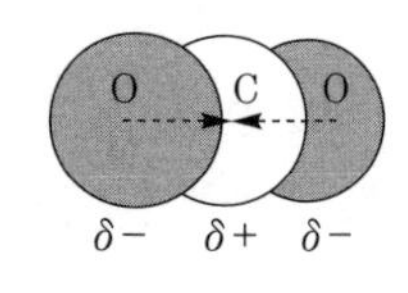

二酸化炭素の分子には双極子モーメントがない

図 2.7　双極子モーメントの定義（大きさと方向で定義されている）および水と二酸化炭素の双極子モーメント

に生じる部分双極子モーメントを点線で，永久双極子モーメントを実線の矢印で示している。水は一つの酸素と二つの水素で構成され，元素の電気陰性度（ポーリングの値）はそれぞれ 2.2，3.4 であるから，酸素から水素に向かって部分双極子モーメントが生じる。これらが結合角 104.5° で結合しており，その双極子モーメントは酸素から水素への双極子モーメントの合成ベクトルになる。一方，二酸化炭素は一つの炭素，二つの酸素からなり，炭素の電気陰性度は 2.6 で酸素から炭素へ向かって部分双極子モーメントを生じ，これらが結合角 180° で分子を構成する。酸素から酸素への双極子モーメントは大きさが等しく方向が逆なためたがいに相殺し，双極子モーメントはゼロになり，結果として二酸化炭素分子は，無極性性分子になる。

2.5　双極子–双極子相互作用

双極子をもつ二つの分子がたがいに寄り添うと，**双極子–双極子相互作用**（dipole–dipole interaction）により引力または斥力が生じる。二つの双極子モーメントの中点を結んだ直線がそれぞれの双極子モーメントと成す角 θ の大きさに依存して，相互作用する双極子モーメント間に生じるポテンシャルエネルギーは変化する。**図 2.8** には，永久双極子モーメントを矢印とダルマ型で，それぞれの永久双極子モーメントの位置関係とそこに生じる相互作用を示した。二つの双極子モーメントが同一直線上，向きが同じとき引力が働き，逆のときは斥力が働く[†]。また，双極子モーメントの方向がたがいに直行するとき，相互作用はない。ペプチド結合にはカルボニル基からアミノ基方向へ双極子モーメントが生じている。ペプチド結合間に生じた双極子モーメントはたがいに相互作用し，引力を働かせることでポリペプチドを α–ヘリックス構造へと折りたたみ，主鎖に水素結合が生じて α–ヘリックス構造をより安定化して

[†] 二つの双極子モーメントが同一直線上にないとき，これらの成す角 $\theta < 54.7°$ でポテンシャルエネルギーは負になり引力を生じる。一方，$\theta > 54.7°$ ではポテンシャルエネルギーが正になり斥力を生じる。$\theta = 54.7°$，$\theta = 180 - 54.7 = 125.3°$ で引力と斥力は打ち消し合い，ポテンシャルエネルギーは 0 で，相互作用はなくなる（図 2.8 上）。

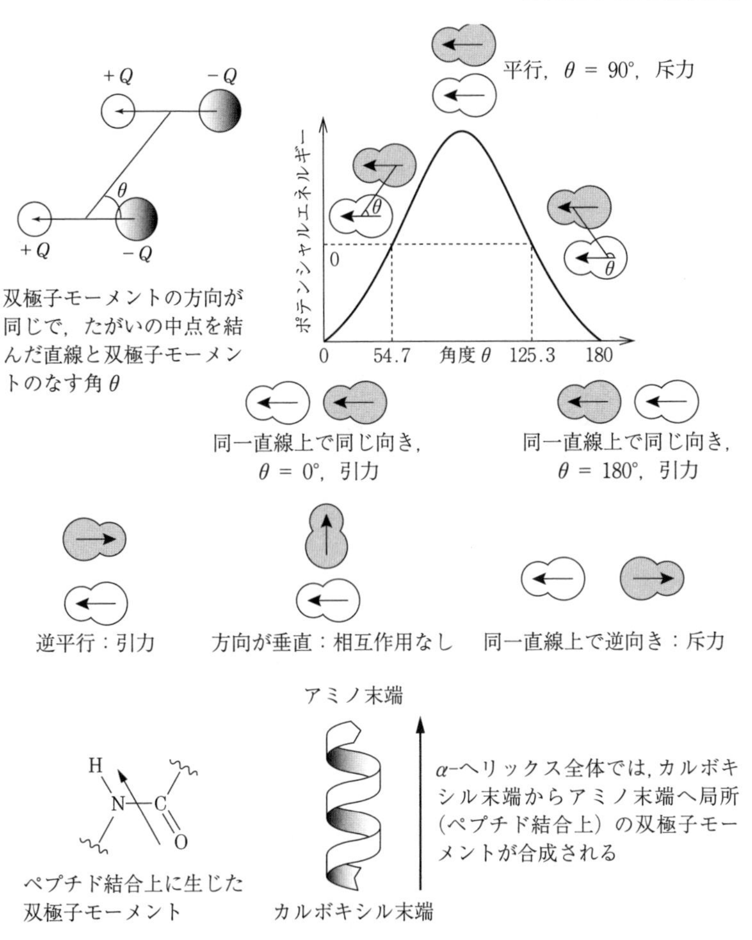

図 2.8 双極子-双極子相互作用（ペプチド結合の双極子モーメントが相互作用しα–ヘリックス構造上で合成双極子モーメントが生じる）

いる。α–ヘリックス構造のポリペプチド全体でも，カルボキシル末端からアミノ末端方向へ合成された双極子モーメントが生じている。したがって，二つのα–ヘリックスポリペプチドが寄り添いタンパク質の三次構造を形成していくときは，平行よりは逆平行がより安定な構造体となる†。

† α–ヘリックスの双極子モーメントが，平行では斥力，逆平行で引力を生じる（図2.8下）。

2.6 双極子-誘起双極子相互作用

永久双極子モーメントをもたない無極性分子であっても，近傍に存在するイオンや極性分子による電場の影響で分子内の電子分布にひずみが生じ，一時的に双極子モーメントをもつことがある。これを**誘起**（induced）**双極子モーメント**という。**図 2.9** には，永久双極子モーメン

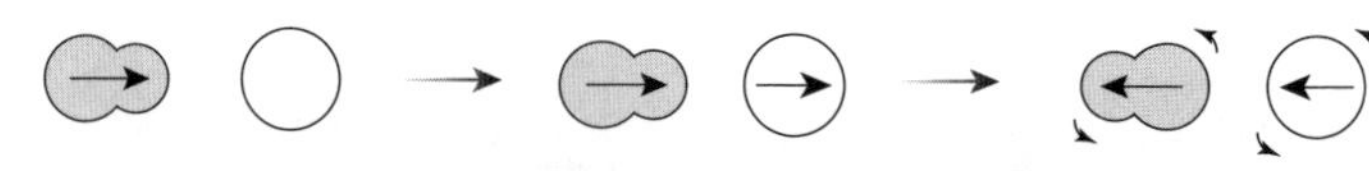

図 2.9　極性分子によって無極性分子にもたらされる誘起双極子モーメント

トをもつ極性分子，もたない無極性分子をそれぞれダルマ型，白球型で示している。極性分子は，自身が誘起した無極性分子の誘起双極子と相互作用し，**双極子–誘起双極子相互作用**により引力を生じる。極性分子が回転すると無極性分子のもつ誘起双極子モーメントは，極性分子の双極子モーメントとのポテンシャルエネルギーを最低にすべく，自身も回転して方向をそろえる。

2.7　分散相互作用

ベンゼンは無極性分子であるが常温で液体として存在する。また等核二原子分子の窒素，単原子分子のヘリウムであっても低温で液化することから，これらの無極性分子（粒子）も液体ではたがいに相互作用していることが推測できる。無極性分子が単体で存在していても，分子内の電荷密度に偏りが生じると，部分的に正電荷と負電荷ができて**瞬間**(transient) **双極子モーメント**が生じる。**図 2.10** で，矢印をもった球は瞬間双極子モーメントを示している。瞬間双極子モーメントをもった分子はまわりの無極性分子にも誘起双極子モーメントを連鎖的に生じさせ，結果として無極性分子間にも引力が発生する。これを**分散相互作用**† (dispersion interaction) という。タンパク質中の無極性のアミノ酸側鎖（フェニルアラニンなど）にも分散相互作用が生じ，これらの引力がタンパク質の折りたたみに寄与することがある。

† **ロンドン力**，**ロンドン相互作用**ともいう。Fritz London（1900-1954）ドイツに生まれ，後にアメリカ合衆国で活動した物理学者。

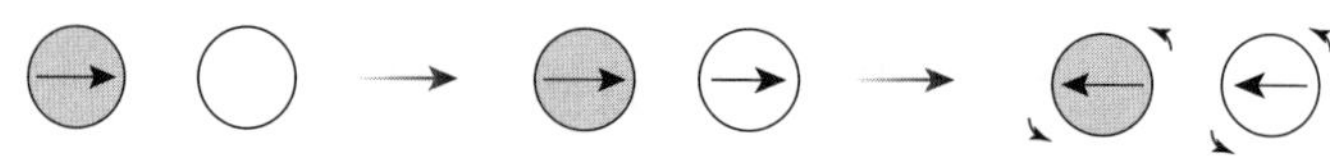

図 2.10　無極性分子であっても分子内の電子密度の偏りから双極子モーメントが発生し，隣接した無極性分子に分散相互作用を及ぼす

2.8　疎水性相互作用

水溶液（電解質溶液を含む）などの極性の高い溶媒環境に低極性または無極性などの疎水性分子を投入すると，水分子が水素結合により形成しているクラスター（塊）をひとたび解消し，疎水性分子を取り囲んだ新たな水分子の籠（かご）を構成するが，その際にエントロピーの減少（$\Delta S < 0$）が伴う。多数の疎水性分子が存在すると，このエントロピーの減少を節約するために疎水性分子は会合し，籠の形成に関わる水分子の数を減らす（疎水性分子会合体の表面積を小さくする）方向に反応が進行する。**図2.11**で，*n*-ヘキサンを取り囲む水分子の数を比較してほしい。おのおのの *n*-ヘキサンを水分子が取り囲み水の籠が形成されるよりも，会合した疎水性分子が会合し，「籠」に携わる水分子の数を減らすことでエントロピーの減少が節約され，結果として水溶液中では *n*-ヘキサンの会合が自発的に進行する。これを**疎水性相互作用**（hydrophobic interaction）という。疎水性相互作用は，脂質分子の会合による細胞膜の形成，タンパク質の折りたたみなどの駆動力になっている。

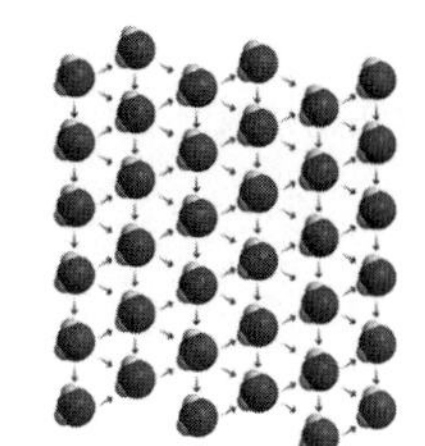

液体の水分子は水素結合でつながり，部分的に塊を形成している

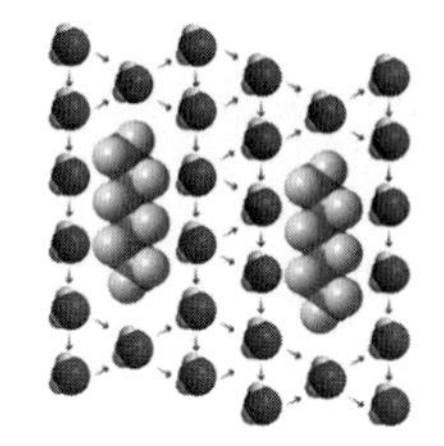

水中に *n*-ヘキサンが割り込むと，いったん解除された水素結合は，*n*-ヘキサンを取り囲んで籠を形成し，再構成される

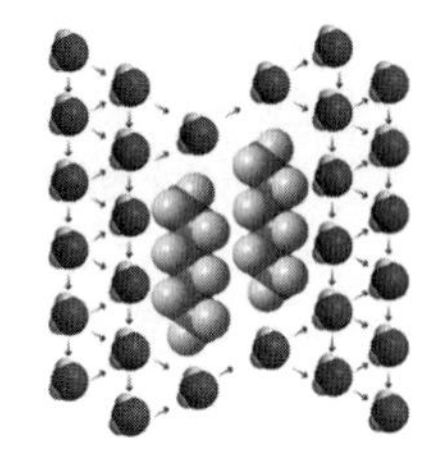

n-ヘキサンが会合すると，籠を形成し，接する水分子の数は減少する

図2.11　ヘキサンに対する水分子（極性分子）の振舞い（疎水性分子（*n*-ヘキサン）は会合し，エントロピーの減少を節約する）

章末問題

—この章の理解を深めるために—

問題 2-1　グリシンのアミノ基をベンジルオキシカルボニルクロリドで保護する。この反応を順相（シリカゲル）のクロマトグラフィーで，溶媒はクロロホルム：メタノール ＝ 9：1 を用いて追跡するとき，① 出発物質，生成物それぞれを Rf 値†の大きい順に並べなさい。② Rf 値を大きくするためには，溶媒組成をいかに変更したらよいか？

† クロマトグラフィーと Rf 値については，4 章の図 4.1 を参照。

問題 2-2　問題 2-1 の反応混合物を逆相（ODS，C18）のクロマトグラフィーで分離する際，Rf の序列はどう変わるか？

問題 2-3　共有結合と配位結合の相違点を述べ，これらを識別する実験法を提案しなさい。

問題 2-4　以下の化合物の双極子モーメントを作図で示し，極性分子，低極性分子，非極性分子を判定しなさい。

水，二酸化炭素，アンモニア，パルミチン酸，グリシン

問題 2-5　つぎの分子のうち誘起双極子をもちうるものはどれか？その理由も述べなさい。

シクロヘキサン，ベンゼン，*n*-ヘキサン

問題 2-6　同核二原子分子には永久双極子モーメントが存在しないが，低温で液体になるのはなぜか？

問題 2-7　オレイン酸が水中で会合することが熱力学の法則に反していないことを説明しなさい。

3章 分子の大きさと質量に基づく物質分離

タンパク質，核酸など特定の分子を単離精製しようとするとき，なにをよりどころに単離したらよいだろうか。物質を分離しようとするとき，まず初めに思いつくのが分子の大きさの相違による分離であろう。その他の性質が類似している場合，その粒子の大きさで分けることは有効である。篩(ふるい)は，土砂の粒径の相違を利用して文字どおり「篩い分ける」道具である。分子にもこの原理を適用するこができき，濾過(ろか)，排除体積クロマトグラフィー，電気泳動は，分子（粒子）の大きさに依存した物質分離の方法である。

3.1　分子の大きさに基づく物質分離①　濾過

濾過（filtration）の原理は基本的には篩と同じである。濾過膜の細孔径でつぎの四つに分類されている。① **粗濾過**，細孔径は 10 μm 以上で，花粉，赤血球は捕捉されるが微生物は透過する。より精密な濾過を行う前の前処理に用いられる。② **精密濾過**（microfiltration，**MF**），細孔径は 0.05～10 μm で，大腸菌，酵母などの細菌は捕捉されるが，ウイルス，タンパク質は透過する。③ **限外濾過**（ultrafiltration，**UF**），方法によっては透析とも呼ばれ，ウイルス，タンパク質を捕捉し，アミノ酸，塩を透過する。**図 3.1** に限外濾過（篩）の原理を模式的に示した。限外濾過膜で隔てられる左右両室で溶質の濃度差があるとき，溶媒は溶

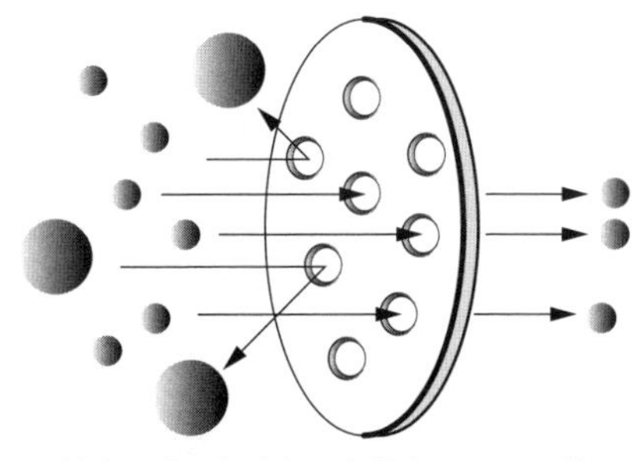

限外濾過膜の細孔径より粒径の小さい粒子だけが透過する。原理は篩と同じである

図 3.1　限外濾過（透析）

質を希釈する方向に移動するため左右で圧力差を生じる。これを**浸透圧**（osmotic pressure）という[†]。溶媒を含めて膜透過性の物質はやがて平衡に至る。限外濾過はタンパク質，核酸の精製に用いられている。

† 6.3節「受動輸送と浸透」を参照。

④ **逆浸透**（reverse osmosis，**RO**）は溶液に加圧することで達成され，細孔径より大きな物質を捕捉し，小さな物質を透過する。水の精製に用いられている。

3.2 分子の大きさに基づく物質分離② ゲル濾過

ゲル濾過（gel filtration）は，**排除体積クロマトグラフィー**（size exclusion chromatography），**ゲル浸透クロマトグラフィー**（gel permeation chromatography，**GPC**）とも呼ばれ，原理は濾過とは真逆で小さな粒子は捕捉され，大きな粒子は透過する。より正確には，小さい粒子は多

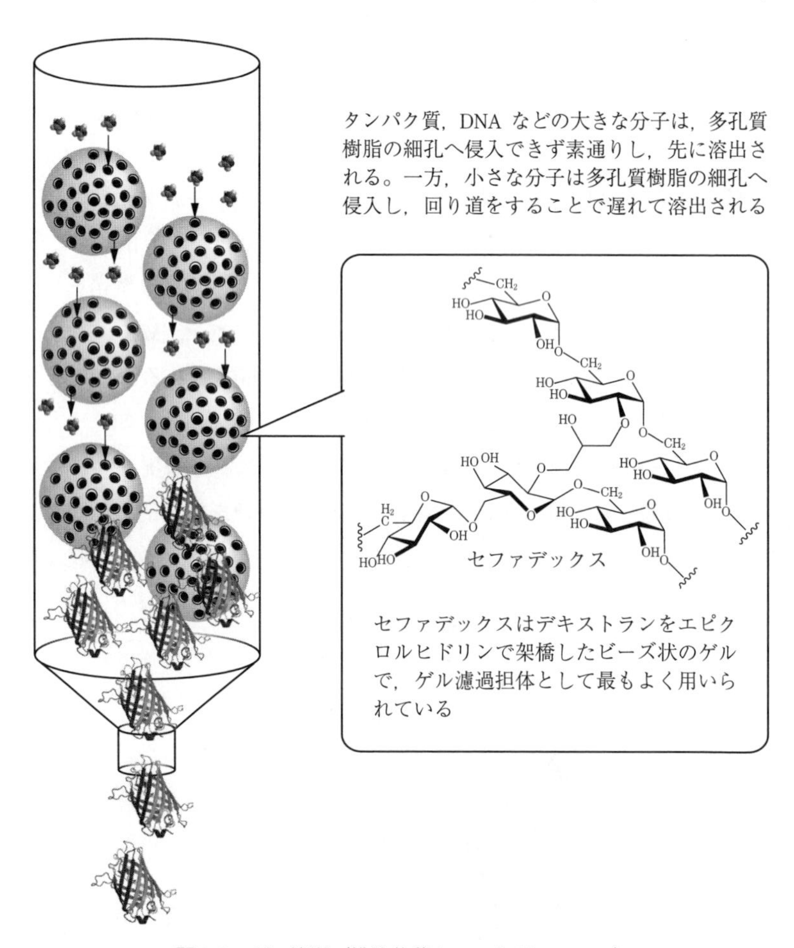

図3.2 ゲル濾過（排除体積クロマトグラフィー）

孔質ゲルの細孔に捕捉され回り道をするため，大きな粒子より透過に時間がかかる（**図 3.2**）。濾過の場合は捕捉された粒子はフィルター上にとどまるが，ゲル濾過では，ひとたび多孔質ゲルに捕捉された小さい分子もゲルから溶出するため，時間差で透過する。ゲル濾過で最も広く用いられている担体（固定相）はセファデックス（Sephadex™）で[4)]，グルコースが $\alpha(1\rightarrow6)$ グリコシル結合でつながったデキストランをエピクロルヒドリンで架橋した多孔質ビーズのゲルである。多くの場合で移動相は水溶液で，オープンカラムでは重力が流れをつくる。ゲル濾過は核酸（DNA，RNA）の脱塩，タンパク質の粒径差に基づく分離精製に用いられている。ゲル濾過における試料の溶出時間と分子量には相関があるので，ゲル濾過を利用してタンパク質など高分子の相対分子量を見積もることができる。

3.3　分子の大きさに基づく物質分離③　電気泳動

ゲル電気泳動（gel electrophoresis），**キャピラリー電気泳動**（capillary electrophoresis）で採用されるアガロースやポリアクリルアミドなどのポリマー担体は，ゲル濾過に採用されているポリマービーズと異なり，架橋されたポリマーの細孔に侵入しやすく，より短い分子が先に泳動する。より長い分子は泳動過程で伸縮を繰り返しながら進行するので，泳動に時間がかかる。前述のゲル濾過クロマトグラフィーでは移動層が溶液の流れであるのに対し，電気泳動では電流（電場）である。DNA，RNA，タンパク質など電荷を帯びた分子が，分子の電荷とは逆の電極に向かって移動する。試料，緩衝溶液のいかんにかかわらず，電荷を帯びたものが移動する。電流（電場）を継続的に維持するために，ポリマー担体はつねに緩衝溶液で満たされる必要がある。**図 3.3** には，ゲル電気泳動の一例として，DNA の電気泳動とそれに使われるポリマー担体のアガロース，電気泳動後の染色に用いられるエチジウムの化学構造を示した。**DNA ラダー**（DNA Ladder）は，試料 DNA（RNA）のサイズ（塩基対の数）を知るための既知サイズの**マーカー DNA**（**RNA**）である。エチジウムは蛍光色素で，DNA の塩基対間に侵入し，π-πスタッキング（分散相互作用）により複合体を形成する[†]。エチジウムで染色したのちの DNA（RNA）は，赤色に発光するバンドとして観測することができる。

分子の移動する速度はつぎの式で記述でき，電気泳動における分子の

† 分子集合体の空隙（くうげき）に別の分子が侵入し複合体を形成することを，**インターカレーション**（intercalation）という。

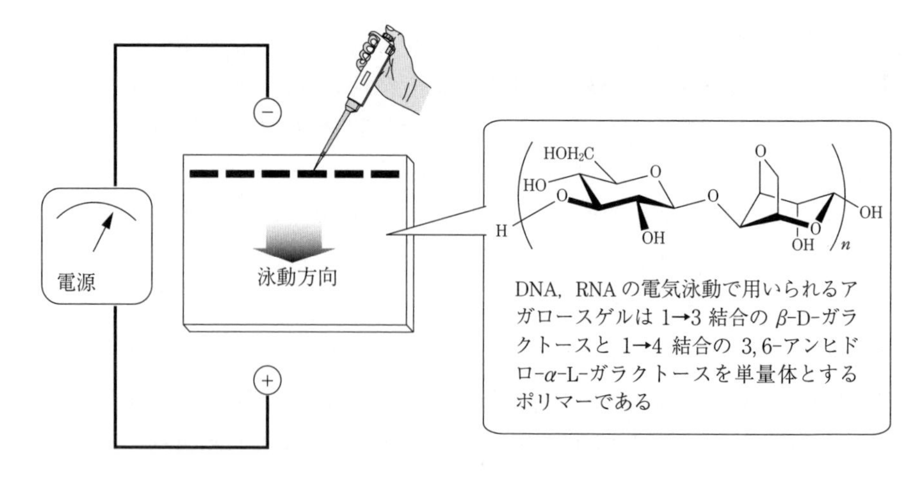

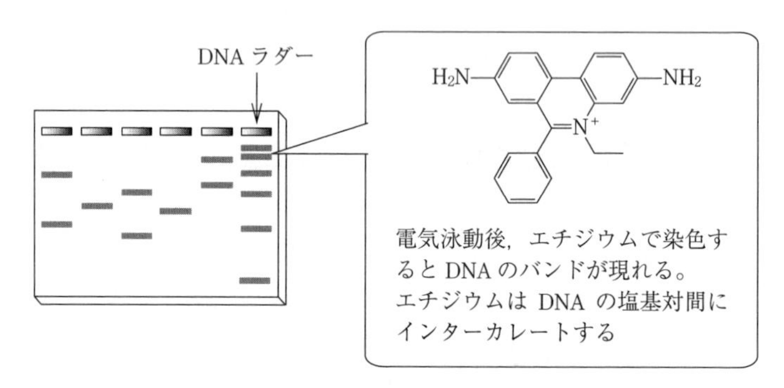

図 3.3　アガロースゲルを担体とする DNA の電気泳動

移動速度 v は，その分子のもつ正味の電荷 Ze と電場の強さ E〔V/m〕に比例し，摩擦係数 f〔kg/s〕に反比例する。Z は荷電数，e は電気素量（1.0602×10^{-19} C）で定数である。

$$v = \frac{ZeE}{f} \tag{3.1}$$

この式を見ると，分子の電荷数が多いほど速度は速く見える。すなわち，DNA であれば長い（塩基数，モノヌクレオシド数の多い）ものほど速く泳動するように見えるが，実際は短い（塩基数，モノヌクレオシド数の少ない）DNA ほど泳動が速い。一方，摩擦係数は次式で与えられる。

$$f = 6\pi\eta r \tag{3.2}$$

ここで，η は移動媒体の粘度[†1]，r は移動物質の半径である[†2]。この式を用いて電気泳動における物質の移動速度 v を書き換えると

$$v = \frac{ZeE}{6\pi\eta r} \tag{3.3}$$

[†1] 粘度 η については泳動媒体であるアガロースの濃度〔%〕，ポリアクリルアミドゲルの濃度〔%〕および架橋度などが関わってくる。

[†2] より正確には，流体力学半径で媒質中を移動する分子（粒子）を球と見なしたときの半径である。**ストークス半径**ともいう。

となり，移動する粒子（分子）の半径に反比例することになる。すなわち実際の電気泳動では分子のもつ電荷よりも，その半径，大きさが律速となっていることが理解できる。

DNAはリン酸ジエステル結合がもたらす負の電荷により二重らせん構造体として陽極（+）側へ泳動するが，RNAはDNAより高次の構造体を形成するため，分子の大きさに依存して分離を行おうとする場合はさらに工夫が必要になる。RNAの場合は部分二重らせん構造のみならず，バルジ，インターナルループ，ヘピンループ同士の水素結合による構造体（キッシング構造）[†1]などにより，タンパク質よりも構造は複雑かつ多様である。このようなRNAの高次構造をほどく変性剤として，ホルムアルデヒド，ジメチルホルムアミド，ジメチルスルホオキシド，ウレア（**図3.4**）が用いられる。いずれの化合物も，水素結合の供与体または受容体，あるいはその両方の構造を併せもち，RNAの塩基間の水素結合を阻害してRNA構造体を解きほぐし，DNA同様にポリマー長に依存した泳動を実現している。

[†1] 7.2節「DNAとRNAの構造」を参照。

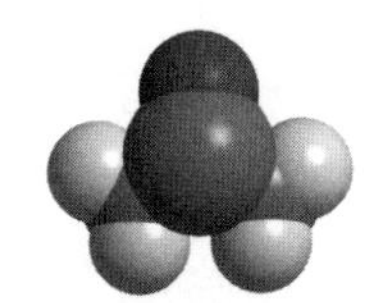

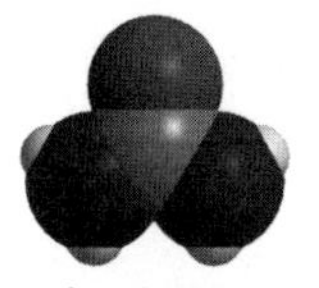

ジメチルホルムアミド，ジメチルスルホオキシド，ウレアはタンパク質の主鎖，側鎖の水素結合に競合的に作用し，タンパク質の三次構造，二次構造をほどく

ドデシル硫酸の疎水性尾部がタンパク質の疎水面に作用し，タンパク質の疎水性会合をほどき，硫酸アニオンの負電荷で統一される

図3.4 ジメチルホルムアミド，ジメチルスルホオキシド，ウレア，ドデシル硫酸ナトリウム（SDS）

タンパク質は，二次構造，三次構造，分子間の相互作用による四次構造に加えて，タンパク質を構成するアミノ酸の側鎖が正電荷をもつ場合があり，タンパク質の電気泳動では，その高次構造をほどき，側鎖の電荷の影響を解消するため，陰イオン界面活性剤である**ドデシル硫酸ナトリウム**（sodium dodecyl sulfate，**SDS**）が変性剤として採用されている。SDSは，タンパク質を取り囲むようにミセル[†2]状の複合体を形成

[†2] ミセルについては，5.3節「脂質分子の会合と細胞膜の形成」の図5.3を参照。

する。この際SDSは，疎水尾部をタンパク質側へ向けて会合するため タンパク質を折りたたんでいる疎水性相互作用が解消され，その構造が ほどける。ほどけたタンパク質は，SDSの陰イオンによりDNAと同様 に陽極（+）へ泳動する。

3.4　分子の質量に基づく物質分離　沈降と遠心

さまざまな質量の粒子を含む混合物を静置しておくと，重力により質量の大きな粒子から沈殿してくる。この過程を**沈降**（sedimentation）と呼ぶ。この重力場を遠心力場に置き換えることで，粒子の沈降を早めるこができる。回転遠心による**相対遠心力**（relative centrifugal force, **RCF**）は下記の式で与えられている。

$$\mathrm{RCF} = 11.18 \times \left(\frac{N}{1\,000}\right)^2 r \tag{3.4}$$

Nは1分間当りの回転数（revolutions per minute，rpm），rは回転半径である。この式から，同じ回転数であれば回転半径が大きいほど相対遠心力が大きいことがわかる（**図3.5**）。

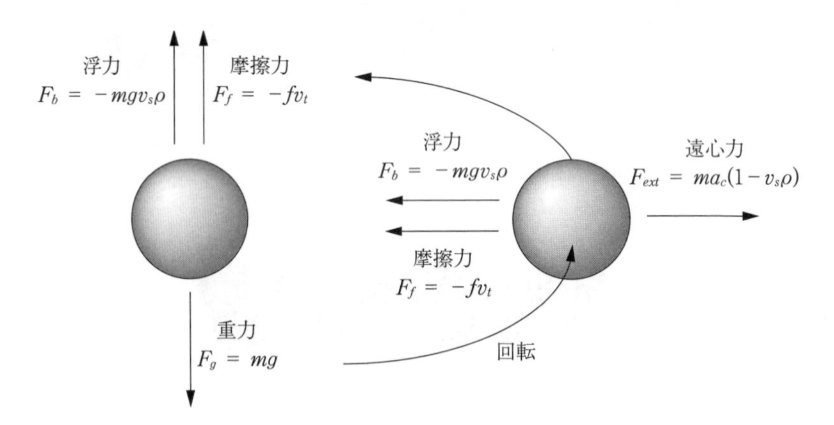

図3.5　落下または遠心で沈降する粒子に働く力，重力，浮力，摩擦力，遠心力

一方，遠心分離を利用して試料の分子量を求めるためには，試料粒子の質量と遠心力との関係を導く必要がある。一般に，沈降する粒子には重力と浮力，摩擦力が働く。

浮力（buoyant force，Fb）は，粒子の**部分比容**v_s†（partial specific volume）と溶液の密度ρから，重力加速度gを遠心加速度a_cで置き換えて

$$Fb = v_s \rho m a_c \tag{3.5}$$

† 粒子が占める実質的な容積で，タンパク質の場合はこれが折りたたまれたときにできる三次構造中の隙間（すきま）を含み，タンパク質の構造のゆらぎによっても変化する。

遠心力など外力 F_{ext} は重力 F_g と浮力 F_b で下記の式で表される。

$$F_{ext} = F_g + F_b = ma_c - v_s \rho ma = ma_c(1 - v_s \rho) \quad (3.6)$$

またこのとき外力 F_{ext} は摩擦力 $F_f = fv_f$ と釣り合っており

$$F_{ext} = ma_c(1 - v_s \rho) = fv_t \quad (3.7)$$

ここで，f, v_t はそれぞれ摩擦係数と粒子の最終速度で

$$v_t = \frac{F_{ext}}{f} = \frac{ma_c(1 - v_s \rho)}{f} \quad (3.8)$$

この式から，粒子の最終速度 v_t は外力 F_{ext} および粒子の質量 m に比例することが理解できる。また，ここで**沈降係数**（sedimentation coefficient, s）は下記で定義されている。

$$s = \frac{v_t}{a_c} = \frac{m(1 - v_s \rho)}{f} \quad (3.9)$$

沈降係数の単位は〔S〕（Svedberg と読む）[†1]で，70 S リボゾーム（タンパク質と RNA の複合体）は沈降係数 70 S の粒子である。70 S リボゾームは 50 S，30 S のサブユニットからなる。この例のようにサブユニットの沈降係数の合計値が 70 S にならないことも，上の式から沈降係数は質量 m のみならず，浮力項 $(1 - v_s \rho)$[†2] にも依存することから理解できる。

[†1] 遠心分離によるタンパク質の分離を研究した，Theodor Svedberg に因んでいる。

[†2] 粒子の形態に依存することを意味する。

一方，質量 m は

$$m = \frac{sf}{1 - v_s \rho} \quad (3.10)$$

また**拡散係数**（diffusion coefficient, D）は，**ボルツマン定数**（Boltzmann constant, k_B），温度 T と摩擦係数 f から

$$D = \frac{k_B T}{f} \quad (3.11)$$

これらの式から，摩擦係数 f を消去して質量 m を書き換えると

$$m = \frac{sk_B T}{D(1 - v_s \rho)} \quad (3.12)$$

ここで分子量 Mw（モル質量）の場合はボルツマン定数に代えて**気体定数**（gas constant, R）を採用できるので，次式が導かれる。

$$Mw = \frac{sRT}{D(1 - v_s \rho)} \quad (3.13)$$

一方，遠心時に粒子に働いている摩擦力 F_f は，その最終速度 v_t と摩擦係数の積になり，遠心などの外力により生じる力 F_{ext} と逆方向である。

$$-F_{ext} = F_f = fv_t \quad (3.14)$$

また外力により生じる力 F_{ext} は，粒子のもつポテンシャルエネルギー V_{ext} の勾配に等しい。

$$F_{ext} = -\frac{dV_{ext}}{dx} \tag{3.15}$$

これにより最終速度 v_t は次式に書き換えられる。

$$v_t = -\frac{1}{f}\frac{dV_{ext}}{dx} \tag{3.16}$$

ここで，遠心などの外力によって生じる流束 J_{ext} は粒子（溶質）の濃度 c と最終速度の積になるから

$$J_{ext} = cv_t = -\frac{c}{f}\frac{dV_{ext}}{dx} \tag{3.17}$$

遠心による流束 J_{ext} あるいは J_s と拡散による流束 J_D が釣り合っているとき**沈降平衡**といい，このとき両者の流束の和は0になる。

$$J_{ext} + J_D = 0 = -\frac{c}{f}\frac{dV_{ext}}{dx} - \frac{Ddc}{dx} \tag{3.18}$$

式 (3.18) を式 (3.7), (3.11) で書き換えると

$$\frac{ma_c(1 - v_s\rho)c}{f} = \frac{k_BT}{f}\frac{dc}{dx} \tag{3.19}$$

この式を整理して変数を分離すると

$$\frac{ma_c(1 - v_s\rho)}{k_BT}dx = \frac{dc}{c} \tag{3.20}$$

遠心の中心からの距離 x_1, x_2 での溶質の濃度を c_1, c_2 として定積分すると

$$\ln\left(\frac{c_1}{c_2}\right) = \frac{ma_c(1 - v_s\rho)}{k_BT}(x_1 - x_2) \tag{3.21}$$

遠心の加速度 a_c は角速度 ω と距離 x で書き換えられるから

$$a_c = \omega^2 x, \qquad \ln\left(\frac{c_1}{c_2}\right) = \frac{m\omega^2(1 - v_s\rho)}{2k_BT}(x_1^2 - x_2^2) \tag{3.22}$$

質量 m とボルツマン定数 k_B を，それぞれ分子量 Mw，気体定数 R に置き換えると

$$\ln\left(\frac{c_1}{c_2}\right) = \frac{Mw\omega^2(1 - v_s\rho)}{2RT}(x_1^2 - x_2^2) \tag{3.23}$$

実験的には，$\ln C$ を x^2 に対してプロットしたときの直線の傾きから，分子量を求めることができる。

章 末 問 題

―この章の理解を深めるために―

問題 3-1　濾過とゲル濾過の相違点を述べなさい。DNA 溶液の脱塩に適するのはどちらか？

問題 3-2　ゲル濾過，電気泳動，遠心分離から求まる分子量の相違点を述べなさい。

問題 3-3　電気泳動における物質移動の速度がその物質のもつ電荷に比例しないのはなぜか？ 電気泳動における粒子の移動速度 v，媒体中を移動する粒子にかかる摩擦係数 f を用いて説明しなさい。

問題 3-4　四次構造を形成しているタンパク質を遠心分離した結果，サブユニットの沈降係数 s の合計が，四次構造会合体のそれと一致するとはかぎらないのはなぜか？

4章 分子間相互作用に基づく物質分離 クロマトグラフィー

タンパク質，核酸を単離精製する際に用いられる主たる分離手段は，遠心分離，電気泳動，クロマトグラフィーである。タンパク質や核酸など生命体由来の分子には粒子としての大きさや質量の相違のみならず，分子としての化学的性質があり，同種および異種分子間でさまざまな相互作用を生じる[†1]。大きさ，質量が類似した分子であっても，分離担体との分子間相互作用の相違を利用することで単離精製が可能になる。

[†1] 2章「生命体を形づくる共有結合と非共有結合」を参照。

4.1 双極子-双極子相互作用を用いる物質分離 順相クロマトグラフィー

分子間相互作用に基づく物質分離で最も広く用いられているのが，ペーパークロマトグラフィーとシリカゲルクロマトグラフィーであろう。シリカゲル（二酸化ケイ素）は多孔質の粒子が採用されるため表面積が大きく，二酸化ケイ素末端にはシラノールの水酸基が存在しており，試料が極性分子であれば双極子-双極子相互作用あるいは水素結合が期待できる。水素と酸素で構成される水酸基は，水素結合の供与体，受容体，両方の可能性をもっていることになり，試料分子を水素結合によっても捕捉できる。シラノールは，水溶液中では一部が水素イオンを解離してシラノエートイオン（負電荷）になっており，試料との静電相互作用によっても試料の分子を捕捉できる。シリカゲルのように高極性物質を担体[†2]とする分離を，**順相クロマトグラフィー**（normal phase chromatography，**NPC**）という。**図4.1**に，その例として，グリシンのアミノ基をベンジルオキシカルボニル基で保護する反応溶液のシリカゲル**薄層クロマトグラフィー**（thin layer chromatography，**TLC**）を示した。グリシンは，アミノ基およびカルボキシル基が薄層のシラノール基と強く相互作用するため，最も移動が遅い。グリシンとシリカゲル間

[†2] 試料が担持される固定相を担体と呼ぶ。

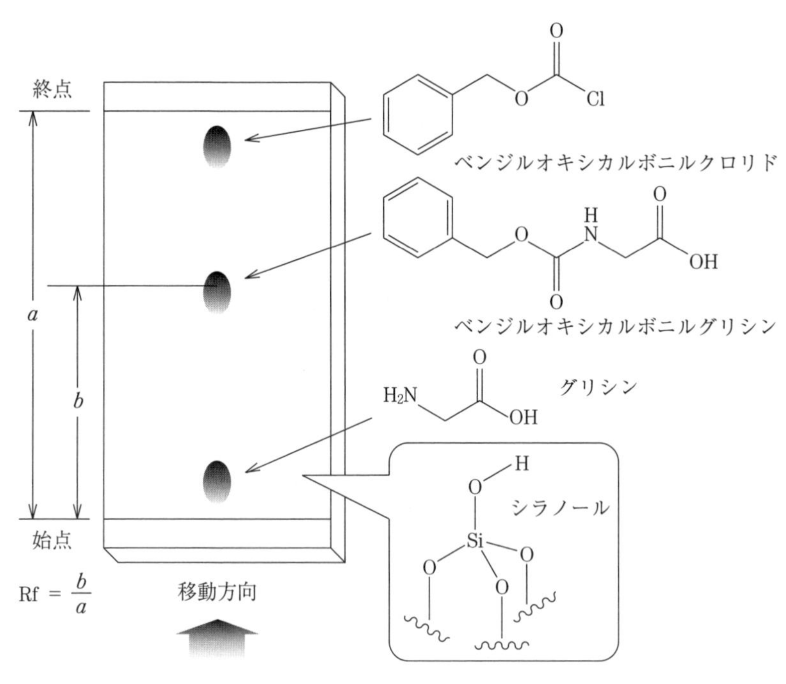

図 4.1　順相（シリカゲル薄層）クロマトグラフィー
毛管現象の原理で移動相すなわち溶媒は下から上へ移動し，より極性が低くシラノールと親和性の低い低極性の分子から順に移動する

に生じる相互作用は，水素結合，静電相互作用，双極子–双極子相互作用になる。一方，保護試薬であるベンジルオキシカルボニルクロリドはシリカゲルとの相互作用が弱いため最も速く移動し，生成物であるベンジルオキシカルボニルグリシンは，これらの中間に位置する。試料分子と担体（固定相）の相互作用の強さは移動層の溶媒極性にも依存するため，溶媒の組成によって試料の移動速度を調整することができる。一般的にはカルボン酸など負の電荷をもつものよりも，アミンなど正の電荷をもつもののほうが，シリカゲルとより強い相互作用をもつ傾向がある。試料分子の移動のしやすさの尺度として，**相対移動度**（relative forward, **Rf**，図 4.1）が用いられている。

4.2　疎水性相互作用を用いる物質分離　逆相クロマトグラフィー

目的とする試料が低極性物質である場合は，疎水性相互作用を利用することができる。ポリスチレンなど低極性担体に疎水性相互作用により吸着した試料は，溶媒の極性を低下させることで溶出できる。低極性担体に対する疎水性相互作用を用いる分離を，**逆相クロマトグラフィー**（reversed-phase chromatography，**RPC**）という。逆相クロマトグラフィーで用いられる担体は，順相クロマトグラフィーで採用されているシリカゲルのシラノール基をアルキル鎖で修飾したものである。最も広く用いられるのは**オクタデシルシリル**（octadecylsilyl，**ODS**）で，炭素数18（C18）の直鎖アルキル鎖である。**図 4.2**には，グリシンのアミノ基を，ベンジルオキシカルボニル基で保護する反応溶液ODS薄層クロマトグラフィーで展開したものを示した。移動速度の序列は順相と逆転し，分子の極性が最も高いグリシンが最も早く移動する。ODS（18）よりアルキル鎖の短い炭素数8（C8），炭素数4（C4）でシラノールを修飾した担体も存在し，単離しようとする試料の物性に合わせて選択できる。一般的な小分子有機化合物，オリゴペプチドであればODS，タンパク質など表面積の大きな分子ではC4が選択されている。

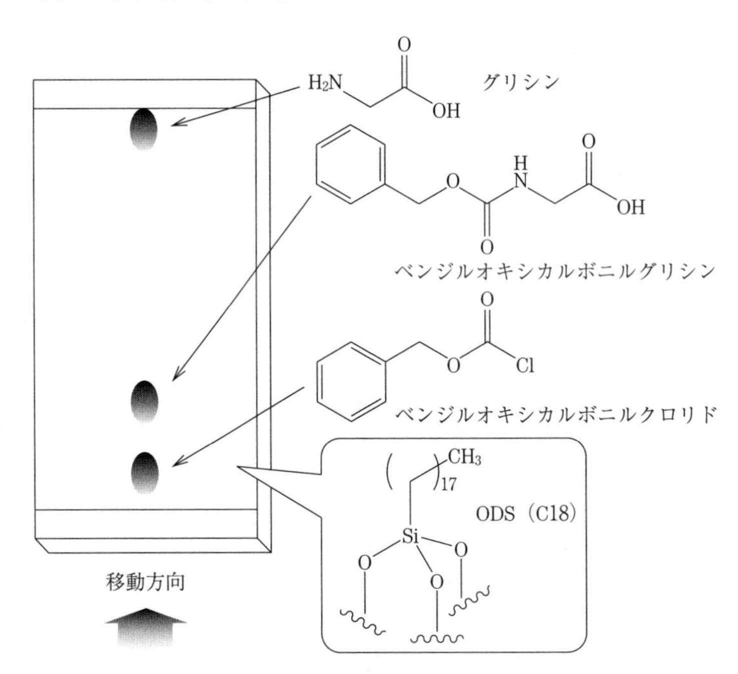

図 4.2　逆相（ODS）クロマトグラフィー
毛管現象の原理で移動相，溶媒は下から上へ移動し，より極性が高くオクタデシルシリル（ODS）と親和性の低い分子から順に移動する

4.3　静電相互作用を用いる物質分離
イオン交換クロマトグラフィー

分離したい成分が電荷をもっているとき，静電相互作用を利用することができる。この分離精製法を**イオン交換クロマトグラフィー**（ion-exchange chromatography）と呼んでいる。一般には担体自身が正または負の電荷をもち，それぞれ担体とは逆の電荷をもった試料を静電相互作用により捕捉する。イオン交換担体に捕捉された試料は溶媒のイオン強度を高めることで溶出することができる。担体の規格でイオン交換容量が定められているため，試料のもつイオンの価数から必要なイオン交換担体の量を見積もることができる。露出面にイオン性の側鎖をもったタンパク質の精製にも有効で，タンパク質のもつ電荷に依存した溶出が期待できる。**図 4.3** には，陰イオン交換樹脂の例として，ジエチルアミノエチル基（diethylaminoethyl, DEAE）と四級アミノエチル（quatenaryaminoethyl, QAE）を示した[5)]。

グリシンのアミノ基を *t*-ブチルオキシカルボニル（*tert*-Butyloxy-carbonyl, tBoc）基で保護した *N*-*α*-tBoc-グリシンは，負電荷をもち，陰イオンとなり得る。一方，グリシンのカルボキシル基を *t*-ブチル（*tert*-Butyl, tBu）基で保護したグリシン-OtBu は，正電荷をもち，陽イオンとなり得る。これらの混合物溶液を陰イオン交換樹脂に投入すると，陰イオン（負電荷）をもった *N*-*α*-tBoc-グリシンは陰イオン交換樹脂に捕捉され，陽イオン（正電荷）をもったグリシン-OtBu は樹脂を透過する。

一方，これらの混合物溶液を陽イオン交換樹脂に投入すると，陽イオン（正電荷）をもったグリシン-OtBu は陽イオン交換樹脂に捕捉され，陰イオン（負電荷）をもった *N*-*α*-Boc-グリシンは樹脂を透過する。イオン交換樹脂に捕捉された試料はそれぞれと同じ電荷をもった溶離液，正電荷であればアンモニア水溶液，負電荷であれば酢酸水溶液で競合的に溶出することができる。または高濃度の電解質（高い塩濃度）を含む溶液によっても溶出される。**図 4.4** には，陽イオン交換樹脂の例として，カルボキシメチル基（carboxymethyl, CM）スルホプロピル基（sufopropyl, SP）をもつものを示した[5)]

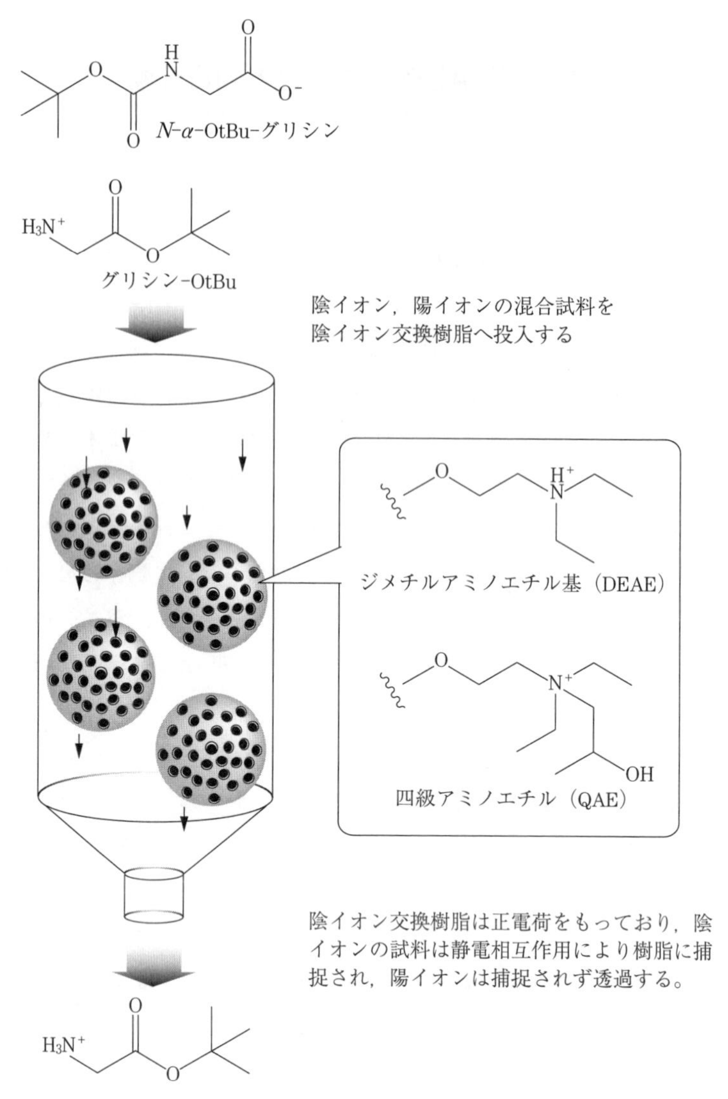

図 4.3　陰イオン交換クロマトグラフィー
陰イオンの試料が陰イオン交換樹脂に静電相互作用により捕捉される

4.4　分子の特異な相互作用を用いる物質分離　アフィニティークロマトグラフィー

† 受容体と基質については，9.1節「受容体と基質の解離定数の決定」を参照。

酵素，受容体とその基質†，抗原と抗体など，分子特異な相互作用に基づき，目的物を単離精製することができ，この分離精製法を**アフィニティークロマトグラフィー**（affinity chromatography）と呼んでいる。単離したい受容体，抗体などの目的タンパク質と特異な相互作用をもつ基質，抗原を，樹脂に固定する。そこで目的物を含む溶液，細胞抽出物

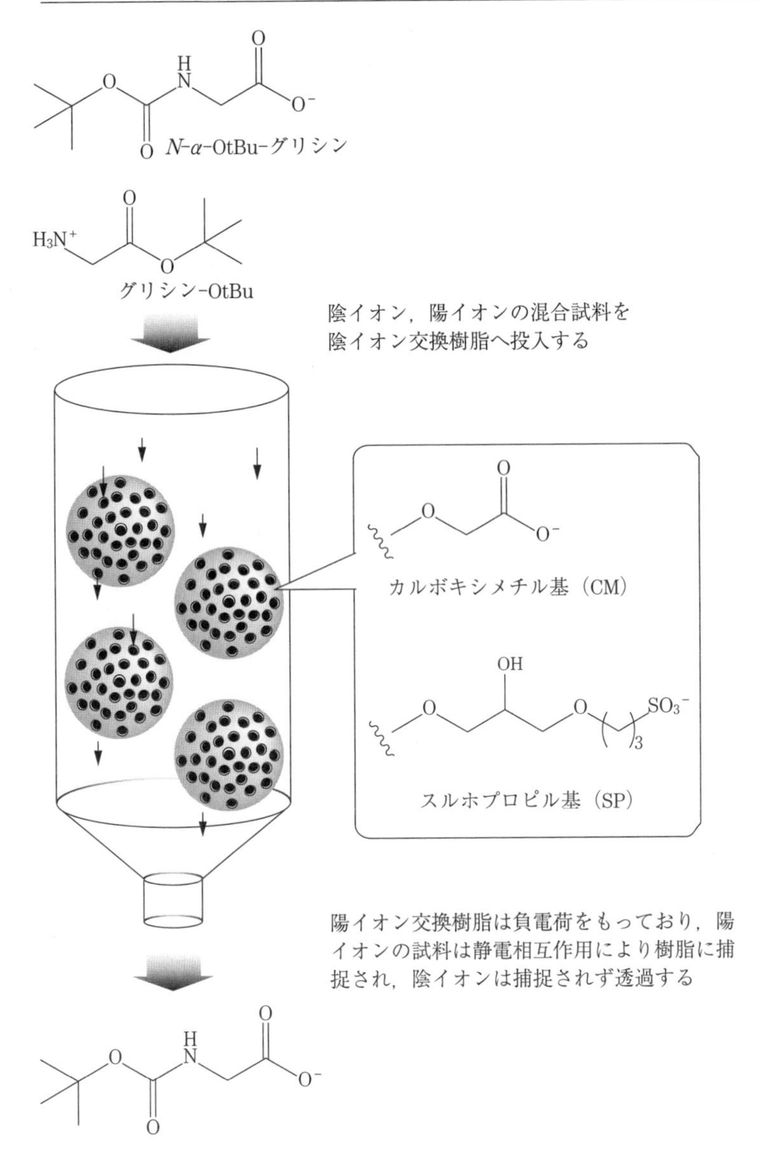

図 4.4　陽イオン交換樹脂と陰イオン交換クロマトグラフィー
陽イオンの試料が陽イオン交換樹脂に静電相互作用により捕捉される

などを注ぐと，受容体は基質が固定された樹脂に捕捉される。その他の不純物をすべて洗い流したのち，受容体と基質間の作用が静電相互作用であれば塩濃度を上げ，疎水性相互作用であれば溶媒の極性を下げることで基質と受容体の相互作用を弱め，目的の受容体タンパク質を溶出する。

また，基質と受容体など試料間に直接の相互作用がなくても，金属イオンとのキレート形成を利用してタンパク質を精製することもできる。ヒスチジンの側鎖であるイミダゾールは窒素の非共有電子対が配位結合の供与体となり，コバルト，ニッケルなど二価の金属イオンを結合する。コバルト，ニッケルは六配位なので，担体樹脂からも配位子を提供することで，コバルトまたはニッケルを中心にして配位結合により目的のタンパク質を樹脂上に捕捉できる。ヒスチジンを複数配置したペプチド配列，ヒスチジンタグ[6)]を組換えDNAとして目的のタンパク質の上流または下流に導入し，ヒスチジンタグ標識タンパク質を翻訳合成する。これをコバルトアフィニティークロマトグラフィーに担持†し，ヒスチジンタグをもたないタンパク質を含む不純物を洗浄したのち，イミダゾールを含む溶離液で目的のタンパク質を溶出することができ，つづいて前述のゲル濾過によりイミダゾールを除去することで目的のタンパク質を単離生成することができる。**図4.5**では，ヒスチジンタグをもった目的タンパク質が，コバルトキレート樹脂に捕捉されている様子を示している。

† 担体（固定相）に試料が，可逆的に補足されることを担持されるという。

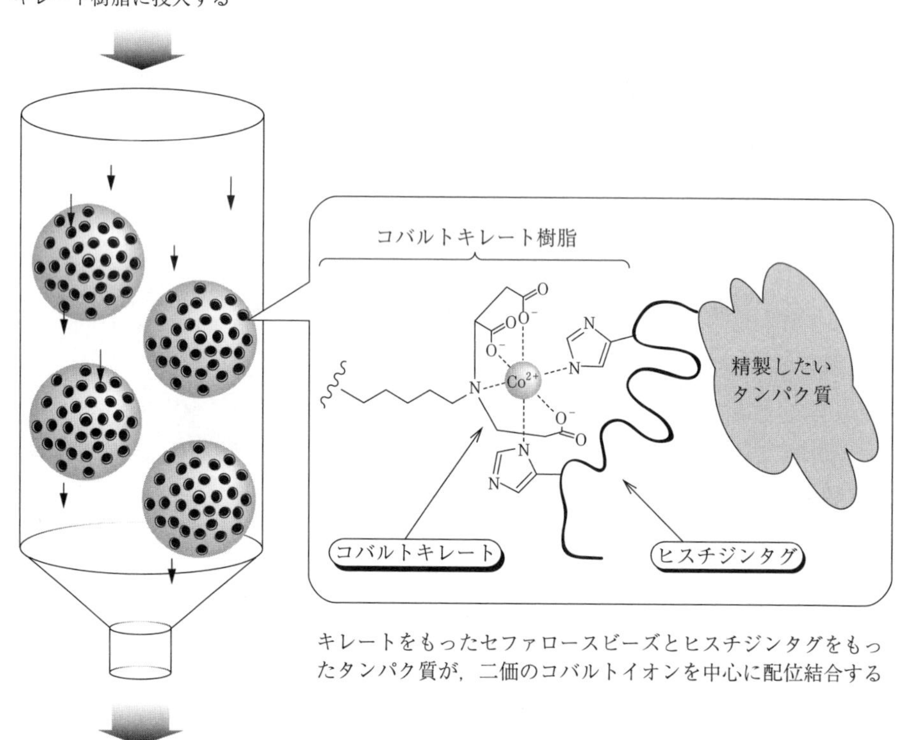

図4.5　コバルトアフィニティークロマトグラフィー
ヒスチジンタグをもったタンパク質が，キレート樹脂とともにコバルトイオン（Co^{2+}）と配位結合することで捕捉される

章 末 問 題

—この章の理解を深めるために—

問題 4-1 順相クロマトグラフィーで試料をクロロホルム，メタノールの体積比が 9：1 の混合溶媒で展開したところ Rf 値が 0.2 であった。Rf 値をより大きくするためには溶媒の組成をいかに変更すべきか？

問題 4-2 10％アセトニトリル水溶液を移動相（溶媒）とする逆相クロマトグラフィーで試料の保持時間を短縮するためには，溶媒組成をいかに変更すべきか？

問題 4-3 グルタミン酸 2 ナトリウム 2.50 g を結合するのに適切なイオン交換樹脂を**問表 4.1** より選択し，その必要量を求めなさい。リジン 2.50 g ではどうか？

問表 4.1 Sephadex イオン交換樹脂のイオン交換容量

イオン交換樹脂	イオン交換容量 (dry)〔μmol/mg〕	イオン交換容量 (wet)〔μmol/ml〕
陰イオン交換樹脂 Sepharose-O-$C_2H_4NH^+(C_2H_5)_2$	3.5	500
陽イオン交換樹脂 Sepharose-O-CH_2COO	4.5	550

問題 4-4 ヒスチジン以外のアミノ酸で，金属イオンに対する配位結合を利用してアフィニティークロマトグラフィーが適用できるものはあるか？ そのアミノ酸側鎖がキレートを形成する金属イオンはなにか？

5章
粒子から組織へ 脂質の会合と細胞膜の形成

原子，分子といった単独の粒子では，組織的な機能を維持することができない。多数の分子が集合し，組織化されることで生命は営まれる。一般に，粒子が集合することはエントロピーの減少を伴い，一見，熱力学の法則に反するように思えるが，実際は双極子-双極子相互作用による引力と，水溶液中であるがゆえに有効になる疎水性相互作用により，熱力学的な弊害を伴うことなく自発的な反応として分子は集合して組織化する。そして，脂質分子の集合と膜タンパク質の組織化によって，細胞膜は形成される。

5.1 脂質，脂肪酸，コレステロール，トリアシルグリセロール

生命由来の成分のうち無極性溶媒（ベンゼン，ジエチルエーテル，クロロホルムなど）に溶ける成分を**脂質**（lipid）という。脂質は常温で液体の**油**（oil，脂肪油）と常温で固体の**脂肪**（fat）に分けることができる。これら脂質の物性は分子の構造に依存している。脂質は高級（炭素数の多い）カルボン酸である脂肪酸を含むエステルが主たる化学構造であるが，これには属さないコレステロールなどのステロイド類も脂質に含まれる。

高級脂肪酸と高級アルコールのエステルは**蝋**（ろう）（wax）と呼ばれ，多くは常温で固体，ほとんどの果実，葉の表面，動物の場合は皮脂腺から分泌され，毛皮，鳥の羽などにあり，防護被膜の働きがある。**表5.1**に，代表的な脂質の常温での形態と化学構造を示した。化学構造の相違がそれらの形態の相違に反映されることがわかる。

ステロイド以外の脂質に属する**脂肪酸**（fatty acid）はさらに**飽和**（saturated）**脂肪酸**と**不飽和**（unsaturated）**脂肪酸**に分けられる。飽和脂肪酸は沸点が高く，常温では固体として存在し，不飽和脂肪酸は沸点が低く常温では液体として存在する。また，不飽和脂肪酸に含まれる二重結合の数に依存して，沸点が低くなる傾向がある。不飽和脂肪酸は，

表 5.1　脂質の化学構造に依存した常温での形態

名　　称	形態	構　　造
リノール酸（油）	液体	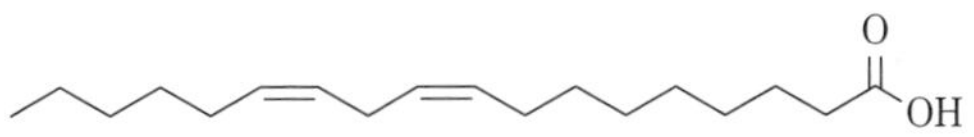 O OH
パルミチン酸セチル（蝋）	固体	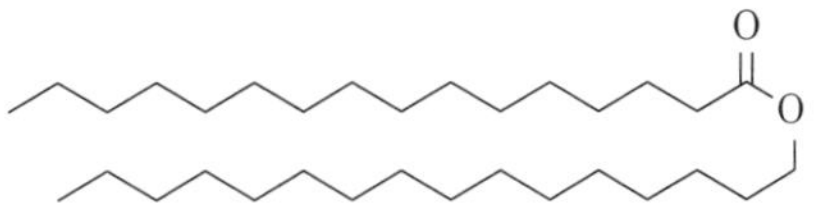 O O
コレステロール	固体	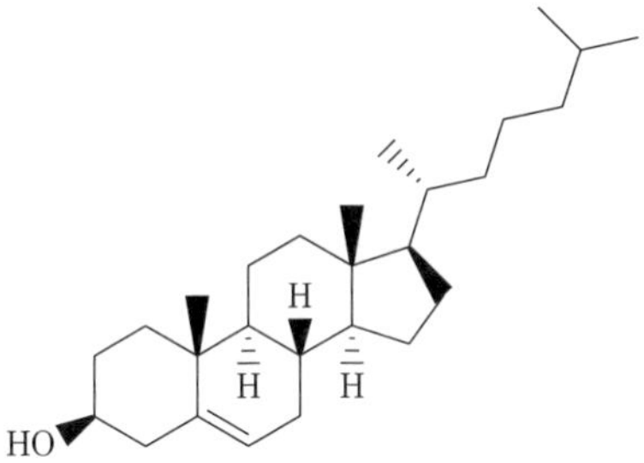 H H H HO

二重結合を含むから，**幾何異性体**（geometrical isomer）が存在する。すなわち**トランス**（trans）**脂肪酸**と**シス**（cis）**脂肪酸**である。天然に存在する不飽和脂肪酸は通常シス型で，この構造が低い沸点に寄与している。**表 5.2** には，脂肪酸の炭素数，二重結合の数，それぞれの融点をまとめた。脂肪酸を構成する炭素数よりも，二重結合の数がより融点の低下に寄与していることがわかる。牛，羊などの反すう動物が胃中にもつ微生物がトランス脂肪酸をつくるため，牛肉，羊肉，これらの乳製品にはわずかにトランス脂肪酸が含まれる。不飽和脂肪酸に水素を付加して飽和脂肪酸（部分硬化油，マーガリンなど）を製造する過程で，トランス脂肪酸が多く生じる。またフライなど高温の油を用いた調理でもト

表 5.2　脂肪酸の不飽和度と融点[7]

名　　称	炭素数：二重結合	融点〔℃〕	構　　造
飽和脂肪酸			
ラウリン酸	12：0	43.2	$CH_3(CH_2)_{10}COOH$
ミリスチン酸	14：0	53.9	$CH_3(CH_2)_{12}COOH$
パルミチン酸	16：0	63.1	$CH_3(CH_2)_{14}COOH$
ステアリン酸	18：0	68.8	$CH_3(CH_2)_{16}COOH$
アラキジン酸	20：0	76.5	$CH_3(CH_2)_{18}COOH$
不飽和脂肪酸			
パルミトレイン酸	16：1	−0.1	$CH_3(CH_2)_5CH{=}CH(CH_2)_7COOH$
オレイン酸	18：1	13.4	$CH_3(CH_2)_7CH{=}CH(CH_2)_7COOH$
リノール酸	18：2	−5	$CH_3(CH_2)_4(CH{=}CHCH_2)_2(CH_2)_6COOH$
リノレン酸	18：3	−11	$CH_3CH_2(CH{=}CHCH_2)_3(CH_2)_6COOH$
アラキドン酸	20：4	−49.5	$CH_3(CH_2)_4(CH{=}CHCH_2)_4(CH_2)_2COOH$

ランス脂肪酸を生じる。トランス脂肪酸は体内で**コレステロール**[†1]（cholesterol）に変換される。コレステロール自体は細胞膜に柔軟性（流動性）をもたせるなど細胞には必須の分子であるが，過剰な摂取，生産により血管細胞に蓄積されたコレステロールはプラーク（plague）となって固まり，動脈硬化，心疾患のリスクを高める。

[†1] コレステロールの合成は，11.3節「細胞膜を構成する脂質の合成」の図11.9，図10.10を参照。

生命体は，エネルギー源を高分子または分子集合体として体内に蓄えることができる。前者はデンプン，グリコーゲンで多糖であり，後者はトリアシルグリセロールで脂肪組織として蓄積される。脂肪は同重量のグリコーゲンより6倍多くのエネルギーを放出できる[†2]。**トリアシルグリセロール**（triacylglycerol）は，その名称が示すとおり，脂肪酸と**グリセロール**（glycerol）からなるエステルである。動物脂肪（トリアシルグリセロール）をアルカリ（水酸化ナトリウム水溶液など）で加水分解（けん化）すると，グリセロールと脂肪酸のナトリウム塩の混合物が得られる（**図5.1**）。この脂肪酸ナトリウム塩が石鹸（せっけん）である。脂肪酸は水に灘溶あるいは不溶であるが，脂肪酸のナトリウム塩は水溶液中ではカルボキシレートアニオン（負電荷）とナトリウムカチオンに完全電離して両親媒性となり，水，油いずれとも親しむため，界面活性剤として油脂を，また変性して疎水性となったタンパク質などを水溶液に可溶化する。

[†2] 10章「生命活動を可能にするエネルギーの獲得」を参照。

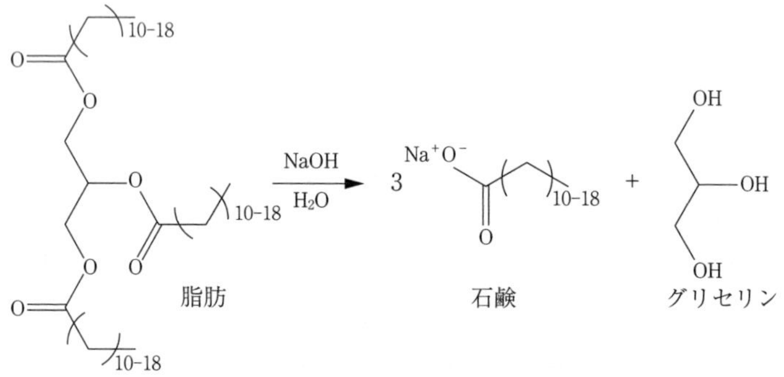

図5.1　脂肪のアルカリ加水分解による石鹸の生成

5.2　細胞膜を構成する脂質

細胞膜（cell membrane）[†3]は脂質分子が集合した油膜である。細胞膜は水溶液中で形成されるため，これを構築する脂質も水に可溶であり，かつ疎水性相互作用により会合する必要がある。上述の界面活性剤（石鹸）は水に可溶で，かつ水溶液中での濃度が一定値を超えると，疎水性尾部（アルキル鎖）を内側へ，親水性頭部（イオン部分）を外側，

[†3] plasma membrane ともいう。

水溶液側へ向けて会合しミセルを形成する。この会合体を形成する濃度を**臨海ミセル濃度**（critical micelle concentration, **CMC**）という。ミセル中には変性タンパク質など疎水性の粒子を取り込むので，石鹸，洗剤として機能する。短鎖脂肪酸の塩はミセルを形成するが，これが細胞を形成することはない。

細胞はその内側，外側ともに親水性である。これを構築するためには，脂質分子が疎水性尾部で接触し，**脂質二分子膜**（**脂質二重層**，lipid bilayer）を形成する必要がある。短鎖脂肪酸は二分子膜を形成できない。一方，二本の疎水性尾部と親水性頭部を併せもつ脂質は，二分子膜を形成することができる。細胞膜を形成する脂質は，共通する分子構造としてリン酸エステルを含むため，**リン脂質**（phospholipid）と呼ばれている。リン脂質には**グリセロリン脂質**（glycerophospholipid）と**スフィンゴリン脂質**（sphingophospholipid）の二つの種類が存在する。**図5.2**にこれらの例としてホスファチジルセリンとスフィンゴミエリンの化学構造を示した。グリセロリン脂質は，グリセリンをリンカーとして二つの脂肪酸とリン酸がそれぞれエステル結合した構造をもつ。スフィンゴリン脂質はグリセリンを介さず，スフィンゴシンに脂肪酸がアミド結合[†1]でつながり，さらにリン酸がエステル結合でつながった構造をもつ。リン酸の先にはアンモニウムカチオンをもつエタノールアミン，セリンなどがエステル結合でつながり，水溶性を高めている[†2]。細胞膜は，脂質分子の集合体として形成されることで，隔壁としての柔軟性と細胞分裂の可能性を獲得している。

[†1] ペプチド結合ともいう

[†2] リン酸部分は陰（－）イオン，エタノールアミン，セリンのアミノ基は陽（＋）イオンであるから，脂質分子全体では陰，陽のイオンを併せもつ両性イオンである。分子内で明確に分極しているため，陰，陽単独のイオンよりさらに水溶性が高まる。

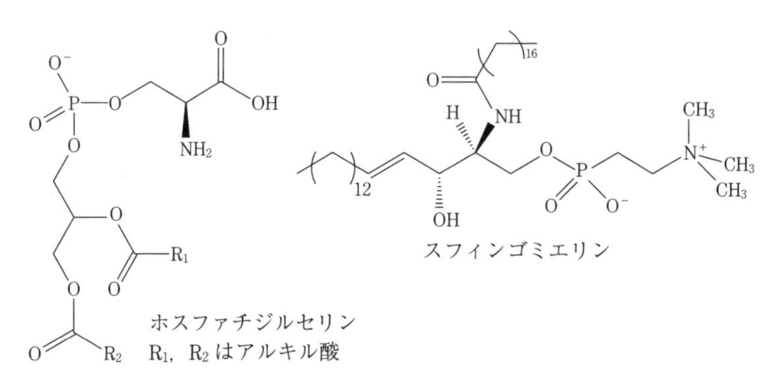

図5.2　グリセロリン脂質とスフィンゴリン脂質の構造の比較

5.3　脂質分子の会合と細胞膜の形成

ホスファチジルセリンなどアルキル鎖を二本もつ脂質が会合すると，

脂質二分子膜を形成し，その両側に親水性表面が形成される。これが小胞体となるとき，小胞体の外側のみならず内側にも水溶液空間がつくられ，これが生命活動に必要な分子間の相互作用と化学反応が進行する液相空間となる。細胞膜を形成する脂質分子は，グリセロールを中心に二本の脂肪酸がエステル結合し，残りの水酸基はリン酸とエステル結合し，この形では陰イオン性の脂質になる。リン酸の先にさらにエタノールアミンがエステル結合すると陰陽の両性イオンの脂質になる。脂質は，水溶性の原子団をもっていても，脂肪酸による疎水性尾部の占める容積が大きいため，水溶液中では会合して脂質二分子膜を形成し，柔軟かつ流動性のある細胞膜を構成する。脂質分子が一定量以上供給されると，細胞分裂が開始されることがわかっている。**図 5.3** に，脂質が水溶液中で形成する集合体，ミセル，**リポソーム**（liposome），細胞膜の断面を示した。これらを構成する脂質の分子構造の相違を比較してほしい。

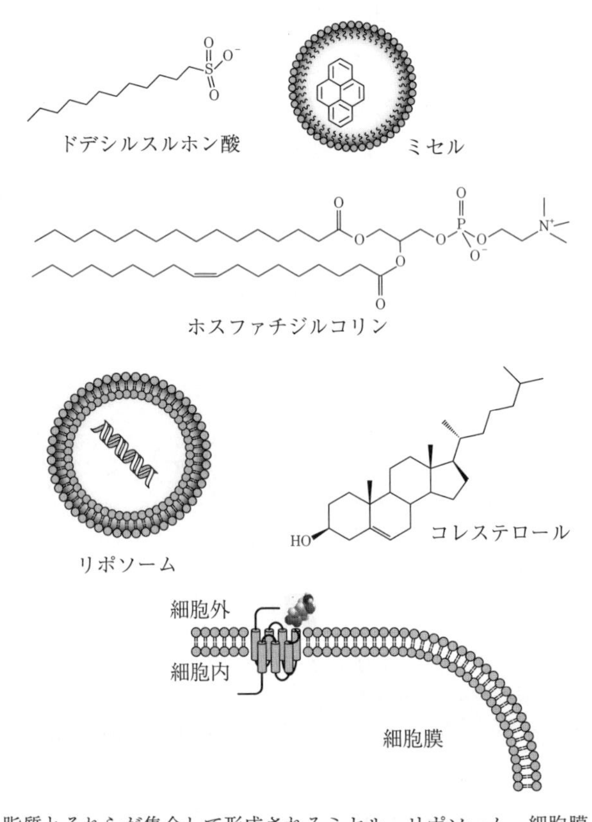

図 5.3　脂質とそれらが集合して形成されるミセル，リポソーム，細胞膜
ドデシルスルホン酸はミセルを，ホスファチジルコリンはリポソーム，細胞膜（脂質二分子膜）を形成する。適量のコレステロールは細胞膜に流動性をもたせるが，過剰のコレステロールは自身で会合し塊を形成する

5.4　膜タンパク質と細胞膜

多くのタンパク質が，細胞膜中あるいは細胞膜表面に存在して働いている。このように，細胞膜と相互作用しているタンパク質を**膜タンパク質**（membrane protein）という。膜タンパク質は，膜を貫通するなどつねに膜中に存在する**内在性膜タンパク質**と，膜界面に存在する**表在性膜タンパク質**に大別することができる。内在性膜タンパク質は，細胞膜を構成する脂質と疎水性相互作用することで膜中にとどまっており，細胞膜を介してイオンの輸送を行うイオンチャネル†1 や，既知のタンパク質で最大のファミリー†2（スーパーファミリー）である **G タンパク質共役受容体**（G protein coupled receptor, **GPCR**）は，α–へリックス構造が複数回細胞膜を貫通している内在性膜タンパク質である[8]。一方，GPCR と相互作用しシグナル伝達に携わる **G タンパク質**は，α, β, γ（Gα, Gβ, Gγ）の三つのサブユニットからなる表在性膜タンパク質で，膜脂質の極性頭部と静電相互作用により膜表面に可逆的に結合している。**図 5.4** は，GPCR による外部からのシグナル伝達の仕組みを模式的に示している。

†1 6.4 節「能動輸送の駆動力」を参照。

†2 タンパク質ファミリーとは，生命進化の過程で共通のオリジンをもつと考えられるタンパク質のグループで，ファミリーではアミノ酸配列の多くが共通している。

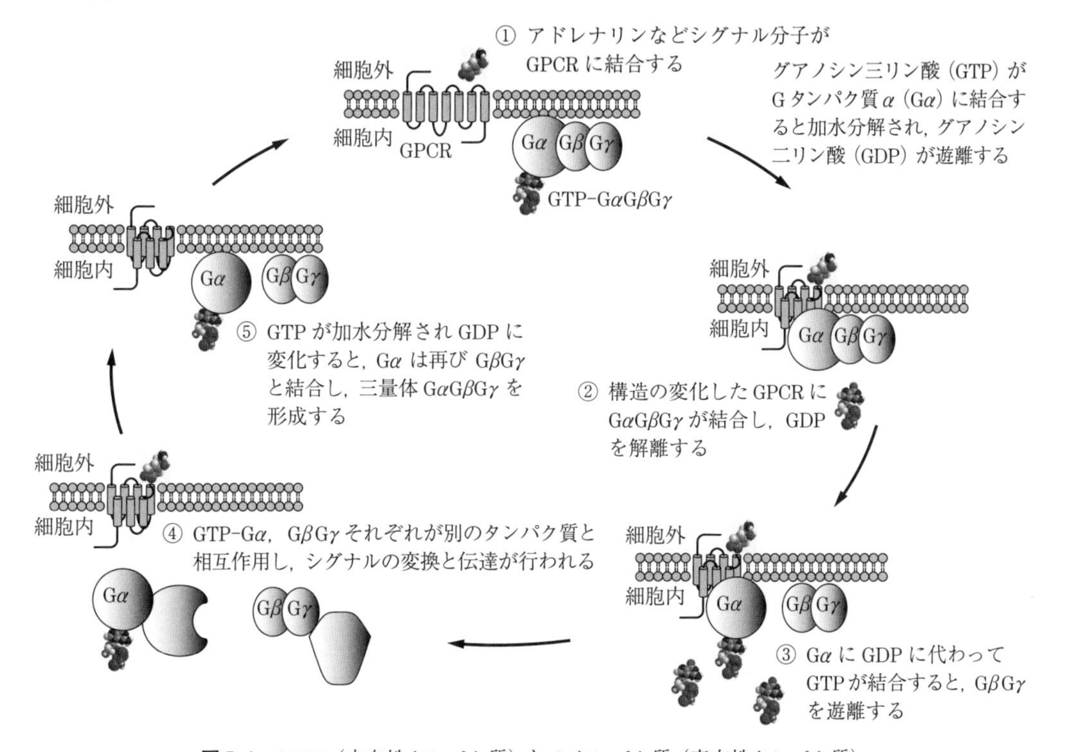

図 5.4　GPCR（内在性タンパク質）と G タンパク質（表在性タンパク質）

また，タンパク質のC末端が**グリコシルホスファチジルイノシトール**（glycosylphosphatidylinositol，**GPI**）で翻訳後修飾されたタンパク質は，**GPIアンカー型タンパク質**と呼ばれ，二本の脂質尾部をもち，これを錨（いかり）のように細胞膜に沈めてとどまっている表在性膜タンパク質である（**図5.5**）。

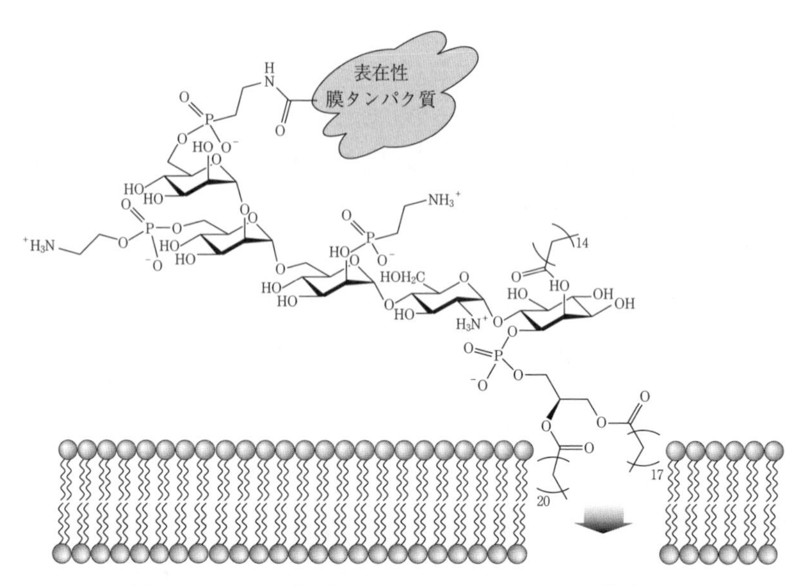

図5.5　タンパク質の錨—GPIアンカー型タンパク質（グリコシルホスファチジルイノシトールを介したアルキル鎖の錨を下ろし，細胞表面に係留される表在性タンパク質）

章　末　問　題

—この章の理解を深めるために—

問題5-1　常温で固体として存在する脂質，液体として存在する脂質は，分子構造にいかなる相違があるか？

問題5-2　ミセルとリポソームの相違と，これらを構成する脂質の構造の相違を関連づけて述べなさい。

問題5-3　細胞膜を構成する脂質は，三つの部分構造で構成される。これらの部分構造を列挙し，それぞれの部分構造が果たす役割を述べなさい。

問題5-4　膜タンパク質と酵素など細胞質中に存在するタンパク質では，これらを構成するアミノ酸配列にはいかなる相違があるか？

6章 物質輸送

生命活動においては，さまざまな物質を細胞内外へ輸送する必要がある。一般には物質輸送（移動）はその物質の濃度勾配に基づいた拡散によるが，生命体では濃度勾配に逆らう物質輸送が要求されることが多々ある。また，細胞膜は集合した脂質で構成された油膜なので，イオンなど親水性の物質はそのままでは透過できない。物質輸送を可能にする経路の存在と化学反応が提供するエネルギーの印加により，濃度勾配に逆らう物質輸送を可能にしている。

6.1 分子（粒子）の運動

分子（粒子）は外からの作用（流れ，濃度勾配など）がないかぎり，その運動方向はランダムであり，絶えず進行方向を変えている。これは粒子がある方向に移動する過程で他の粒子に衝突するためで，このような粒子の運動を**ブラウン運動**（Brownian motion）と呼ぶ[†1]。ブラウン運動をしている粒子の移動を**ランダム歩行**（random walk，**酔歩**ともいう）または**ランダム飛行**（random flight）という。ランダム歩行であっても粒子の動径はやがて始点から離れ（**図6.1**），粒子が進む根二乗平均距離 $\langle d^2 \rangle^{1/2}$ は，1回当りの移動距離（粒子の歩幅に当たる）を l，移動回数を N（N 歩ランダムに歩いた）とすると，下記の式で記述できる。

$$\langle d^2 \rangle^{1/2} = N^{1/2} l$$

[†1] 植物学者 Robert Brown が，水中で不規則に動き回る花粉由来の粒子を顕微鏡で観測したことに由来する。

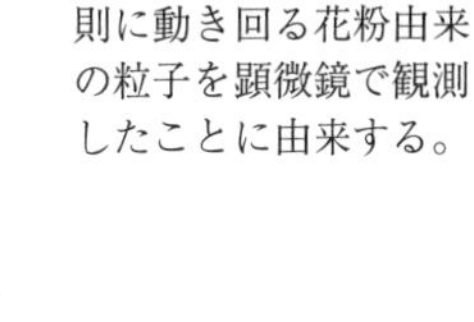

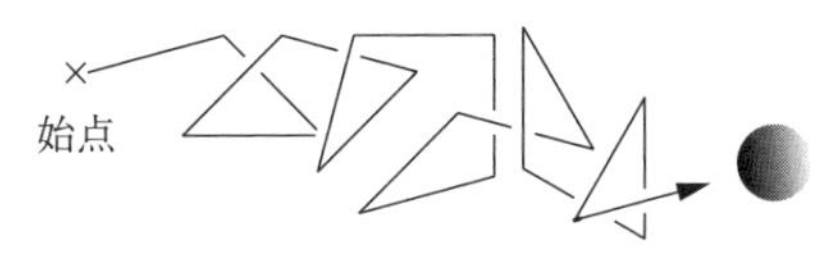

図6.1 粒子またはポリマー末端のランダム歩行（ランダムな動きでもやがて始点から遠ざかる）

この式は，N 個の単量体（例えばアミノ酸）からなるポリマー（ポリペプチド，タンパク質）がランダムコイル[†2]である場合の末端間距離にも適用できる。ポリマーに二次構造，三次構造の構造形成がない場合は，ポリマーの開始点から終点までの動径はランダム歩行に近似でき

[†2] ポリマーを構成するモノマーの伸長する方向に規則性がない状態をランダムコイルという。全体としてはコイル状と見なせる（図6.1参照）。

る。分子（粒子）の移動速度は，温度と分子（粒子）の質量に依存している。同一の分子（粒子）であっても，すべての分子（粒子）が同じ速度をもつわけではない。これを，マクスウェルとボルツマン†は，質量 M の分子（粒子）が温度 T で速度 v と $v + dv$ の範囲にある確率を求める式，として導き出さした。

† James Clark Maxwell はイギリスの物理学者（1831-1879），Ludwig Eduard Boltzmann はオーストリアの物理学者（1844-1906）。

$$P(v, v + dv) = 4\pi\left(\frac{M}{2\pi RT}\right)^{3/2} v^2 e^{-\frac{Mv^2}{2\pi T}}$$

これをもっと簡単に記述すると

$$P(v, v + dv) \propto e^{-\frac{Mv^2}{2\pi T}}$$

この式から，分子（粒子）の速度分布は温度と粒子の質量に依存しており，温度については，低温で遅く狭い速度分布をもち，高温ではより速度分布は広がり速い分子（粒子）の成分が現れる。一方，分子（粒子）の質量については，重い粒子は遅く狭い速度分布をもち，軽い分子（粒子）はより速度分布は広がり速い分子（粒子）の成分が現れる（**図 6.2**）。このような分子（粒子）の運動に関する性質は，クロマトグラムや電気泳動のバンドの広がりとして観測することができる。

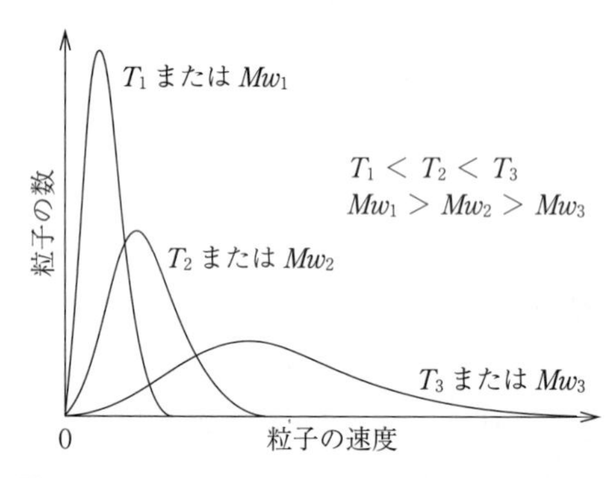

図 6.2　マクスウェルとボルツマンによる温度 T とモル質量 Mw に依存した粒子の速度分布

6.2　拡散と物質移動

分子（粒子）がその系内で濃度差を生じている（濃度勾配が存在する）場合には，濃度を均一にするように高濃度側から低濃度側に流れを生じることになり，これを**拡散**（diffusion）という。拡散はエントロピーの増大を伴い自発的に進行する。細胞のような微小空間で，拡散は物質を輸送する有効な作用になる。単位時間（1 秒）に単位面積（1 cm^2）を x 方向に通過する流束 J_x〔mol/(cm^2・s)〕を定義すると次式になり，物質

が x 方向に移動するごとにその濃度が減少していくから，濃度勾配 dc/dx〔mol/cm^4〕は負の数値になる。比例定数 D は拡散係数〔m^2/s〕で密度，濃度，温度に依存し，移動する物質について固有に決められる。

$$J_x = -D\frac{dc}{dx}$$

拡散が十分に進行して均一系になったとき濃度勾配 dc/dx はゼロになり，流束もなくなる。濃度勾配が存在し，物質が1次元方向，2次元平面，3次元空間を拡散して移動する際，t 秒後に移動した二乗平均距離 $\langle d^2\rangle$ は次式で記述できる。

1次元（方向）：　$\langle d^2\rangle = \langle x^2\rangle = \langle y^2\rangle = 2Dt$

2次元（平面）：　$\langle d^2\rangle = \langle x^2\rangle + \langle y^2\rangle = 4Dt$

3次元（空間）：　$\langle d^2\rangle = \langle x^2\rangle + \langle y^2\rangle + \langle z^2\rangle = 6Dt$

膜タンパク質が細胞膜中を移動する場合は，2次元平面中での拡散による移動と近似でき，細胞膜を透過した物質が細胞内を移動する場合は，3次元空間を拡散する移動となる。

6.3　受動輸送と浸透

細胞の内外に濃度勾配が存在するとき，物質は細胞膜を介して拡散する。これを**受動輸送**（passive transport）という。① 分子の容積が小さく，② 脂溶性（細胞膜を構成するリン脂質に可溶）または無極性の（分子内に電荷の偏りがない）酸素や二酸化炭素などは，細胞膜を通過し細胞質へ拡散する。水は高極性分子であるが，細胞膜を通過することができる。これは水を透過する**アクアポリン**[9)†]が存在するからで，水溶液，すなわち水が溶媒である場合，溶質（電解質，水溶性タンパク質など）を希釈し均質になろうとする作用が働き，水分子がアクアポリンを介して輸送される。細胞内の溶質濃度が高い場合，水は細胞外から細胞内へと移動する。これを**浸透**（osmosis）と呼んでおり，植物が根から水を摂取し，茎を経て葉まで輸送する駆動力になっている。

† Aquaporin。タンパク質のチャネルで，α-ヘリックスが細胞膜を6回貫通した膜内在性タンパク質である。

水と同様に極性分子である糖，アミノ酸も，脂質膜を直接透過することができず，それぞれの分子に固有の**キャリヤータンパク質**（carrier protein，以降キャリヤーという），**タンパク質チャネル**（protein channel，以降チャネルという）といった輸送体が存在する。チャネルは移動する水溶性分子にその移動経路を提供し，キャリヤーはいったんは水溶性分子をキャリヤー内に内包し，出口のゲートが開いた際に分子が拡散する（**図 6.3**）。これら濃度勾配に依存し移動体を介した分子の移動を**促進拡散**（facilitated diffusion）という。

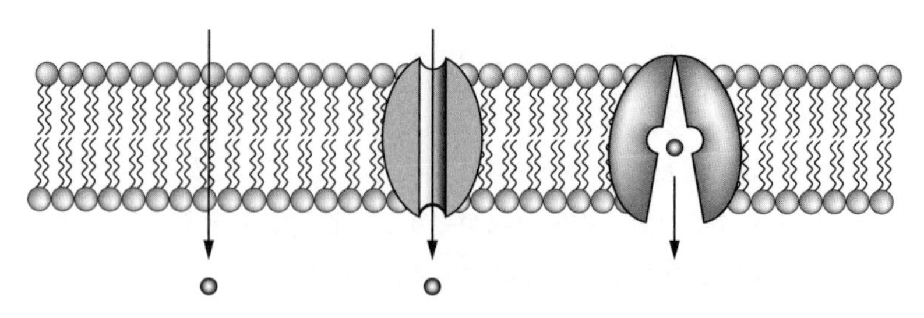

図 6.3　酸素，二酸化炭素など脂溶性分子の透過（左），極性分子のタンパク質チャネル（中央）またはキャリヤー（右）を介する受動輸送

溶液と溶媒が溶媒のみを透過する膜（半透膜）を介して接しているとき，溶媒は溶液を希釈するよう移動するため，膜を透過して溶液側へ侵入する。細胞が純水に接すると水の侵入によりやがて細胞膜が破裂するのはこのためである。膜を介した溶媒の流入量を制限して平衡を維持するためには，溶液側へ大気圧以上の圧力を与える必要がある。この大気圧との差の圧力を浸透圧と定義している。

溶媒のみを透過する膜で隔てられたU字管の左右に同じ容量の溶媒と溶液を入れ定温で静置すると，溶媒は溶液側へ流入し溶液を希釈しつつ溶液の界面を押し上げやがて平衡に至る（**図 6.4**）。平衡時には膜を介した正味の溶媒の流入はなくなるので，溶液相と溶媒相の化学ポテンシャルが等しい。

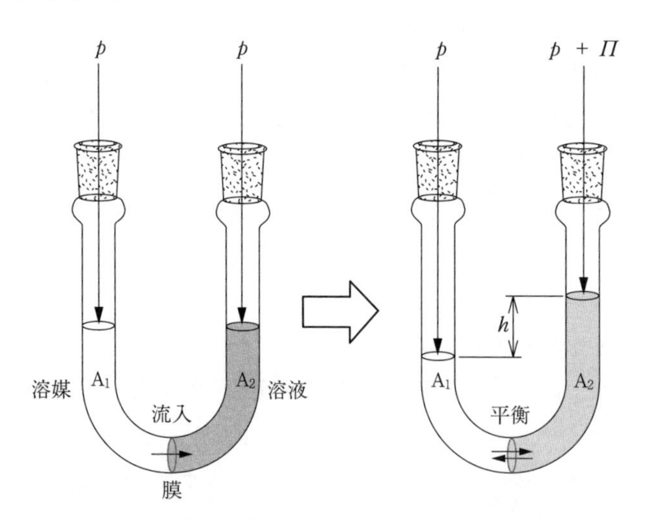

図 6.4　U字管を用いた浸透圧の計測（浸透圧は平衡時の左右の界面差 h から求められる）

$$\mu_{A1}(p) = \mu_{A2}(p + \Pi) \tag{6.1}$$

この式 (6.1) で，p は大気圧，Π は浸透圧で，浸透圧は，溶液の密度 ρ，重力加速度 g，U字管の高さの差 h から $\Pi = \rho gh$ と記述できる。浸透による化学ポテンシャルの変化分 $\Delta\mu_{osm}$ は，溶液と溶媒の化学ポテンシャル $\mu_{A2}(p+\Pi)$，$\mu_{A1}(p)$[†1] と溶媒のモル分率 x_A から記述できる。

$$\mu_{A2}(p + \Pi) = \mu_{A1}(p) + RT\ln x_A \tag{6.2}$$

$$\Delta\mu_{oam} = \mu_{A2}(p + \Pi) - \mu_{A1}(p) = RT\ln x_A \tag{6.3}$$

大気圧 p に浸透圧 Π を与えて溶液の化学ポテンシャルを増し，溶媒の流入を制限し，流れの平衡を維持するためには

$$\Delta\mu_{oam} = RT\ln x_A = \int_{p+\Pi}^{p} V_{m,A}dp = -V_{m,A}\Pi \tag{6.4}$$

ここで $V_{m,A}$ は溶媒Aのモル体積である。液体は圧縮できない（体積変化がない）と仮定すると，式 (6.4) から

$$\ln x_A = -\frac{V_{m,A}\Pi}{RT} \tag{6.5}$$

溶媒と溶質のモル分率 x_A, x_B は $x_B = 1 - x_A$ の関係があり，これより希薄溶液では次式の近似ができる。

$$\ln x_A \approx x_A - 1 = -x_B = -\frac{n_B}{n_A + n_B} \approx -\frac{n_B}{n_A} \tag{6.6}$$

ここで，n_A, n_B は，それぞれ容液内の溶媒と溶質のモル数である。これを使って，式 (6.5) を書き換えると

$$\Pi = \frac{RTn_B}{n_A V_{m,A}} \tag{6.7}$$

また希薄溶液では溶質の体積は無視して $n_A V_{m,A} = V$ とでき，単位体積中の物質量 n_B/V は濃度 c を意味するから

$$\Pi = \frac{RTn_B}{V} = cRT \tag{6.8}$$

またここで，濃度 c を溶質の質量濃度 w〔kg/m^3〕とモル質量 M〔kg/mol〕を用いて式 (6.8) を書き換えると

$$\Pi = \frac{wRT}{M} \tag{6.9}$$

この式 (6.9) から，溶液の浸透圧を計測することで溶質のモル質量（分子量）を決定できることがわかる。なお理想溶液[†2] の場合，質量モル濃度のいかんにかかわらず，浸透圧はつねに一定値であるが，現実の溶液は正の傾きをもち，負の傾きをもつ場合は溶質に凝集性があり，見かけ上濃度に依存して分子量が大きく見積もられる（**図 6.5**）。

[†1] 圧力 p が 1 bar のとき，$\mu_A^0 = \mu_{A1}(p)$ となる。ここで μ_A^0 は，標準状態で理想溶液 A2 を構成する溶媒 A1 の化学ポテンシャルである。

[†2] 理想気体と同様に溶質の占める体積，分子間相互作用などは考慮しない仮想の状態である。

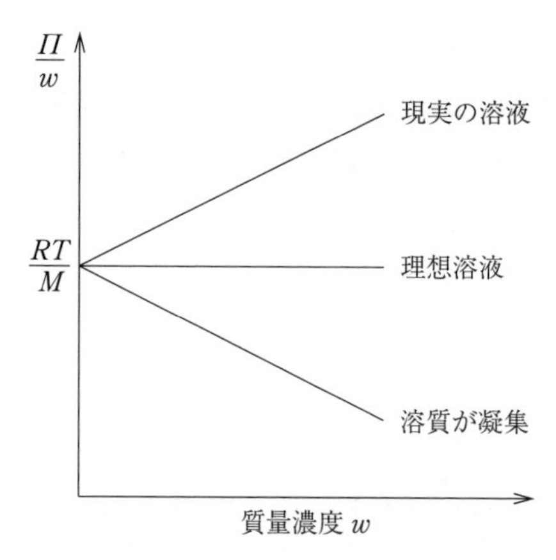

図 6.5　浸透圧と溶液の濃度（y 切片から RT/M が決定できる。傾きが負になる場合は溶質が凝集している）

6.4　能動輸送の駆動力

細胞内外に電解質の濃度勾配が存在するとき，細胞内外の**膜電位** E は移動するイオンの濃度と温度から次式で求められる†1。

$$E = \frac{RT}{ZF}\ln\frac{[\mathrm{ion}]_{\mathrm{outside}}}{[\mathrm{ion}]_{\mathrm{inside}}} \tag{6.10}$$

ここで，Z, F はそれぞれイオンの電荷数，ファラデー定数，$[\mathrm{ion}]_{\mathrm{inside}}$，$[\mathrm{ion}]_{\mathrm{outside}}$ はそれぞれ細胞内外のイオンの濃度である。†2

†1　ドイツの化学者 Walther Nernst（1864-1941）が導いた。

†2　以降，[　] の添字 inside，outside によって，[　] 内のイオンや分子の細胞内外の濃度を表すものとする。

細胞は，その内外の膜電位を一定に維持するために濃度勾配に逆らった物質輸送（低濃度領域から高濃度領域への物質輸送）が必要で，これを**能動輸送**（active transport）という。濃度勾配に逆らって物質を輸送するためには外部からそれに見合ったエネルギーの印可が必要になる。ナトリウム-カリウムチャネル[10]を例として，能動輸送のエネルギー収支を考える。ナトリウム-カリウムチャネルを介してナトリウムイオン 3 個が細胞外に放出され，カリウムイオン 2 個が細胞内に取り込まれる。動物細胞内外でそれぞれのイオン濃度を**表 6.1** に示した。

いずれのイオンも濃度勾配に逆らった輸送であることがわかる。イオンの輸送にかかるモルギブスエネルギー変化は，それぞれのイオンの細胞内外の濃度比から次式で求められる。

$$\Delta G = RT\ln\frac{C_2}{C_1} + ZFV \tag{6.11}$$

ここで，R は気体定数（8.314 J/(K・mol)），C_1, C_2 はそれぞれ輸送元の濃度，輸送先の濃度，Z, F, V はそれぞれイオンの電荷数，ファラデー定数（9.649×10^4 C/mol），細胞内外の電位差（$V = J/C$）である。

温度37℃，細胞内外の電位差が−70 mV[†1] でカリウムイオンの流入と，ナトリウムイオンの流出に伴うギブスエネルギー変化 $\Delta G_{\text{ionexchange}}$ は，ナトリウムの流出，カリウムの流入による，それぞれ単独のギブスエネルギー変化 $G_{\text{Na+out}}$, $G_{\text{K+in}}$ から求められる。

[†1] より正確には静止膜電位という。実際には，この電位を維持するために，細胞内外でイオンはつねに移動しているが，定電位のため見かけ上は電荷の移動がない。細胞内より細胞外は陽イオンが多いため（表6.1参照）細胞内は負（−）に細胞外は正（＋）に帯電しており，陽イオンは，細胞内から細胞外へ流出し難く，細胞外から細胞内には流入しやすい。

表6.1　動物細胞内外におけるナトリウムイオン濃度，カリウムイオン濃度

	Na^+〔mM〕	K^+〔mM〕
細胞内（inside）	10	100
細胞外（outside）	140	5.0

$$\Delta G_{\text{ionexchange}}$$
$$= 3\Delta G_{\text{Na+out}} + 2\Delta G_{\text{K+in}}$$
$$= 3\left(RT\ln\frac{[\text{Na}^+]_{\text{outside}}}{[\text{Na}^+]_{\text{intside}}} + ZFV\right) + 2\left(RT\ln\frac{[\text{K}^+]_{\text{inside}}}{[\text{K}^+]_{\text{outside}}} + ZFV\right)$$

$$\Delta G_{\text{Na+out}} = 8.314\ \text{J/(K·mol)} \times 310\ \text{K} \times \ln\frac{[140]}{[10]} + 1 \times 9.649 \times 10^4\ \text{C/mol} \times 70\ \text{mV} = 14\ \text{kJ/mol}$$

$$\Delta G_{\text{K+in}} = 8.314\ \text{J/(K·mol)} \times 310\ \text{K} \times \ln\frac{[100]}{[5]} + 1 \times 9.649 \times 10^4\ \text{C/mol} \times (-70\ \text{mV}) = 0.97\ \text{kJ/mol}$$

細胞内外でイオンの入替えに関わるギブスエネルギー変化 $\Delta G_{\text{ionexchange}}$ は

$$\Delta G_{\text{ionexchange}} = 3\Delta G_{\text{Na+out}} + 2\Delta G_{\text{K+in}} = 44\ \text{kJ/mol}$$

一方，**アデノシン三リン酸**（adenosine triphosphate，**ATP**）が**アデノシン二リン酸**（adenosine diphosphate，**ADP**）とリン酸イオン Pi[†2] に加水分解されるときに放出されるギブスエネルギー $\Delta G_{\text{ATP to ADP}}$ は，温度 T で平衡状態になったときの各成分の濃度 [ADP], [Pi], [ATP] と，ATP の標準ギブスエネルギー変化 ΔG^0_{ATP} から下記の式で求められる。

[†2] リン酸イオン溶液は**無機リン酸**と呼ばれ，通常，Pi と表記する。ここでは，リン酸イオンとして，Pi と表記している。なお，似た表記として，PPi はピロリン酸である（図1.3，図11.7）。

$$\Delta G_{\text{ATP to ADP}} = \Delta G^0_{\text{ATP}} + RT\ln\frac{[\text{ADP}][\text{Pi}]}{[\text{ATP}]} \quad (6.12)$$

筋肉細胞では，ADP，リン酸，ATP の濃度はそれぞれ 40 μM, 25 mM, 1.0 mM，37℃での ATP の標準ギブスエネルギー変化 ΔG^0_{ATP} は−31 kJ/mol で，これらから $\Delta G_{\text{ATP to ADP}}$ は−49 kJ/mol となり，1 モルの ATP の加水分解が与えるエネルギーは，3 モルのナトリウムイオンを細胞内から細胞外へ，2 モルのカリウムイオンを細胞外から細胞内へそれぞれ

輸送するのに十分であることがわかる。

このときの具体的な手続きを，**図6.6**にアニメーションで示した。イオンチャネル（膜タンパク質）に細胞内からナトリウムイオンとATPが結合する（図①）。イオンチャネルに結合したATPの加水分解により印加されたエネルギーによってチャネルタンパク質の構造に変化がもたらされ（図②），細胞膜外側へ開いたゲートからナトリウムイオンが細胞外へ拡散すると（図③），細胞外からカリウムイオンが流入してチャネル内の受容体に結合すると，細胞膜内側ではチャネルタンパク質が自身で加水分解により脱リン酸化を行い，これに伴って自身の構造を変化させ，（図④），細胞膜内側に開いたゲートからカリウムイオンが細胞内に拡散する（図⑤,⑥）。

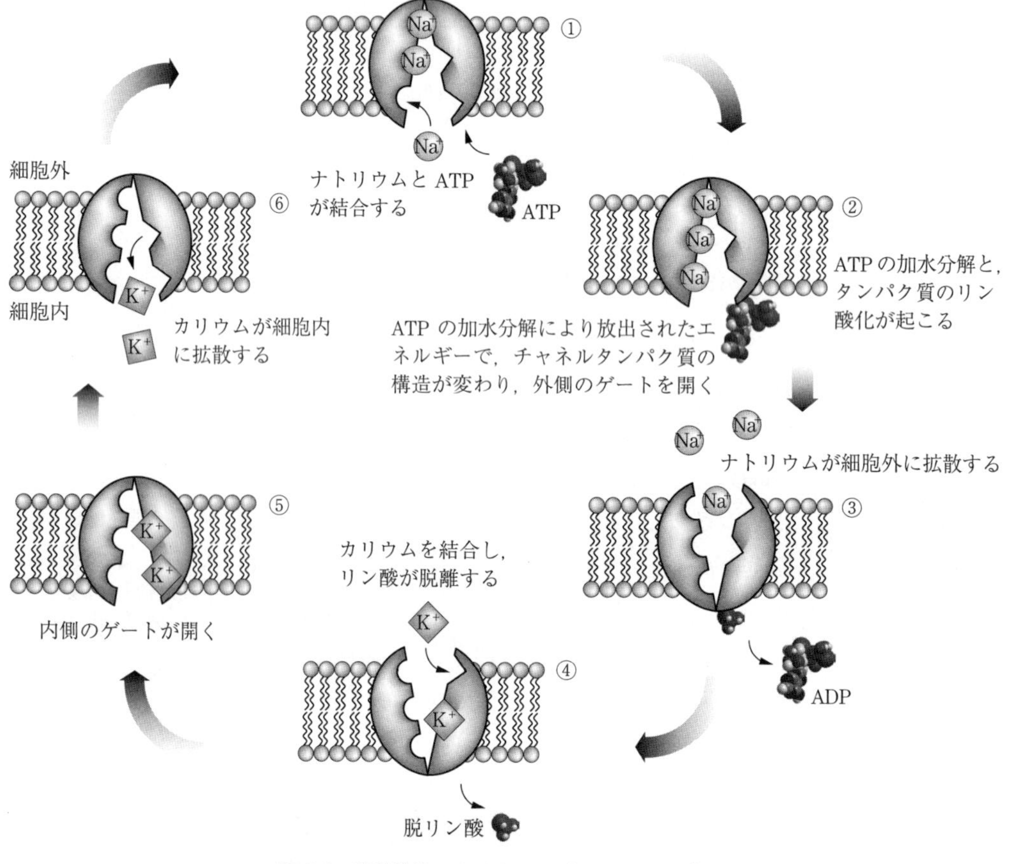

図6.6　能動輸送　カリウム-ナトリウムチャネル

章 末 問 題

—この章の理解を深めるために—

問題 6-1　DNA の電気泳動では短い DNA ほどバンドが太く，ゲル濾過クロマトグラフィーでは分子量の小さい分子ほど半値幅が大きいことを，粒子の速度分布から説明しなさい。

問題 6-2　薬剤が細胞に侵入してから核にたどり着くのに要する時間を求めなさい。ただし，薬剤の移動は拡散によるものとし，この薬剤の拡散係数は $D=1.25\times10^{-10}\ \mathrm{m^2/s}$，細胞膜から核までの距離を 20 μm とする。

問題 6-3　緩衝溶液 100 mL に未知のタンパク質 50 mg を溶解して U 字管の片側に入れ，別の片側には緩衝溶液のみを入れて 37℃ で平衡時の界面の高さの差を計測したところ，0.92 cm だった。このタンパク質のモル質量を求めなさい。

問題 6-4　イカの神経細胞中，海水中の二価カルシウムイオン Ca^{2+} 濃度はそれぞれ 1.0 mM，10 mM である。神経細胞は，Ca^{2+} に依存したシグナル伝達を維持するため，過剰になった Ca^{2+} を細胞外へ放出する必要がある。神経細胞が 5 モルの Ca^{2+} を細胞外へ放出するとき，ATP はどれだけ消費されるか？　ただし，細胞内外の電位差は −60 mV とする。

7章 生命情報

すべての生命情報は，DNAの配列，すなわちゲノムとしてすべての細胞中に保存されている。ヒトの場合，ゲノムは約30億塩基対から成る。DNAは，自身と相補的な配列のDNAと二重らせん構造を形成することで，より頑丈なポリマー鎖となる。これが糸巻き状のタンパク質（ヒストン）に巻き付けられることにより，コンパクトに核内に収められている。ゲノム情報のうちタンパク質の情報は2%にすぎないが，90%以上のゲノム情報はRNAに転写されている。RNAは，単にDNAに収められたゲノム情報をタンパク質へ翻訳する媒体にとどまらず，ゲノム情報の編集，発現の調整など，多くの役割を担っていることがわかっている。

7.1 DNAの二重らせん，融解温度とDNAの変性

DNAは通常，自身と相補的な配列と核酸塩基間の水素結合でつながれ，二重らせん構造を形成する。水素結合でつながれた塩基対を構成する芳香環中の電子密度は，空間的な重なりの中で非局在化し，塩基対間でπ-πスタッキング†することでDNAの二重らせん構造をさらに安定化させている。モノヌクレオチドをつないでいるリン酸がもつ負電荷は，静電反発によりDNA鎖をらせん構造にねじ曲げている。細胞内でこのDNAの二重らせん構造をほどくのは**DNAヘリカーゼ**（DNA helicase）であるが，らせん構造を形成する**二本鎖DNA**（double-stranded DNA, **dsDNA**）の分子内，分子間の相互作用を解消する操作を施すことで，人為的にDNA二重らせんをほどくことができる。その一つが加熱である。加熱により核酸塩基間の水素結合，核酸塩基対間の疎水性相互作用（π-πスタッキング）が解消されることで，二重らせんがほどかれ**一本鎖DNA**（single-stranded DNA, **ssDNA**）になる。しかし，冷却すると再び核酸塩基間の水素結合と核酸塩基対間の疎水性相互作用が復活し，元の二重らせん構造に戻る（DNA二重らせんが50%まで解消され一本鎖DNAになる温度を**DNAの融解温度**（melting temperature, **Tm**）と

† 分散相互作用により二つの芳香環に生じる引力で，面を重ねるように会合した状態。

呼んでいる)。

DNAを構成する核酸塩基には波長260 nmを極大とする紫外線の吸収があり，この吸光度は一本鎖DNAのほうが二重らせんのDNAより大きい。これは，塩基対の水素結合が解消されるためだけでなく，塩基対間の疎水性相互作用（π-πスタッキング）が解消されることにも起因している。**図7.1**は，温度に依存したDNAの260 nmにおける吸光度である。この融解曲線から，一本鎖DNAの吸光度（最大吸光度）の50%の吸光度を与える温度が，そのDNAの融解温度であると決定できる。

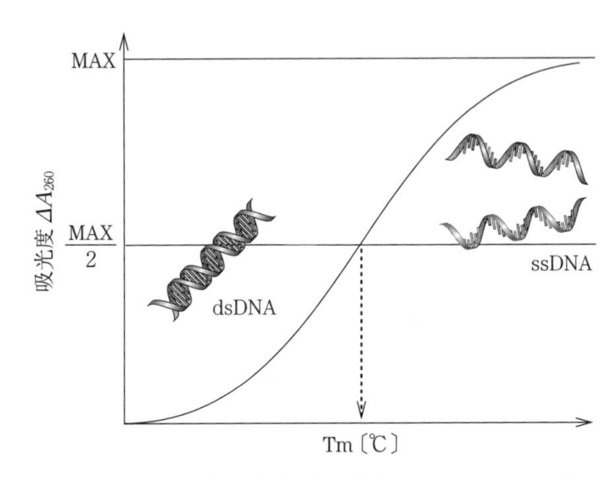

図7.1　DNAの融解曲線（温度に依存した260 nmにおける吸光度の変化から，DNAの融解温度が決定される）

ポリメラーゼ連鎖反応[11)]（polymerase chain reaction，**PCR**）は，加熱によるDNA融解の原理に基づいている。**図7.2**に，PCRの原理を模式的に示した。**テンプレートDNA**（増幅したいDNA配列，反応溶液中では通常10 ng以下，1 000塩基対のテンプレートDNAならば1～2フェムトモル）は，融解温度を越えると一本鎖DNAに解離する（図①）。冷却時には，反応溶液中で圧倒的多数の**プライマーDNA**[†1]（通常の反応では50ピコモル）と部分二重らせんの複合体を形成する（図②）。再びDNAポリメラーゼ[†2]の至適温度まで加熱すると，これを触媒とするDNAの伸長反応が進行し（図③），テンプレートDNAが複製される（図④）。再び過熱するとテンプレートDNAの二重らせんはほどかれ，冷却によりプライマーDNAと部分二重らせんが形成され，伸長反応が進行する，この繰返しで，プライマーDNAと同数のテンプレートDNAが複製される。

†1 DNA，RNAを複製する際の短鎖DNA（図7.2参照）

†2 DNAを複製する際に触媒となる酵素。

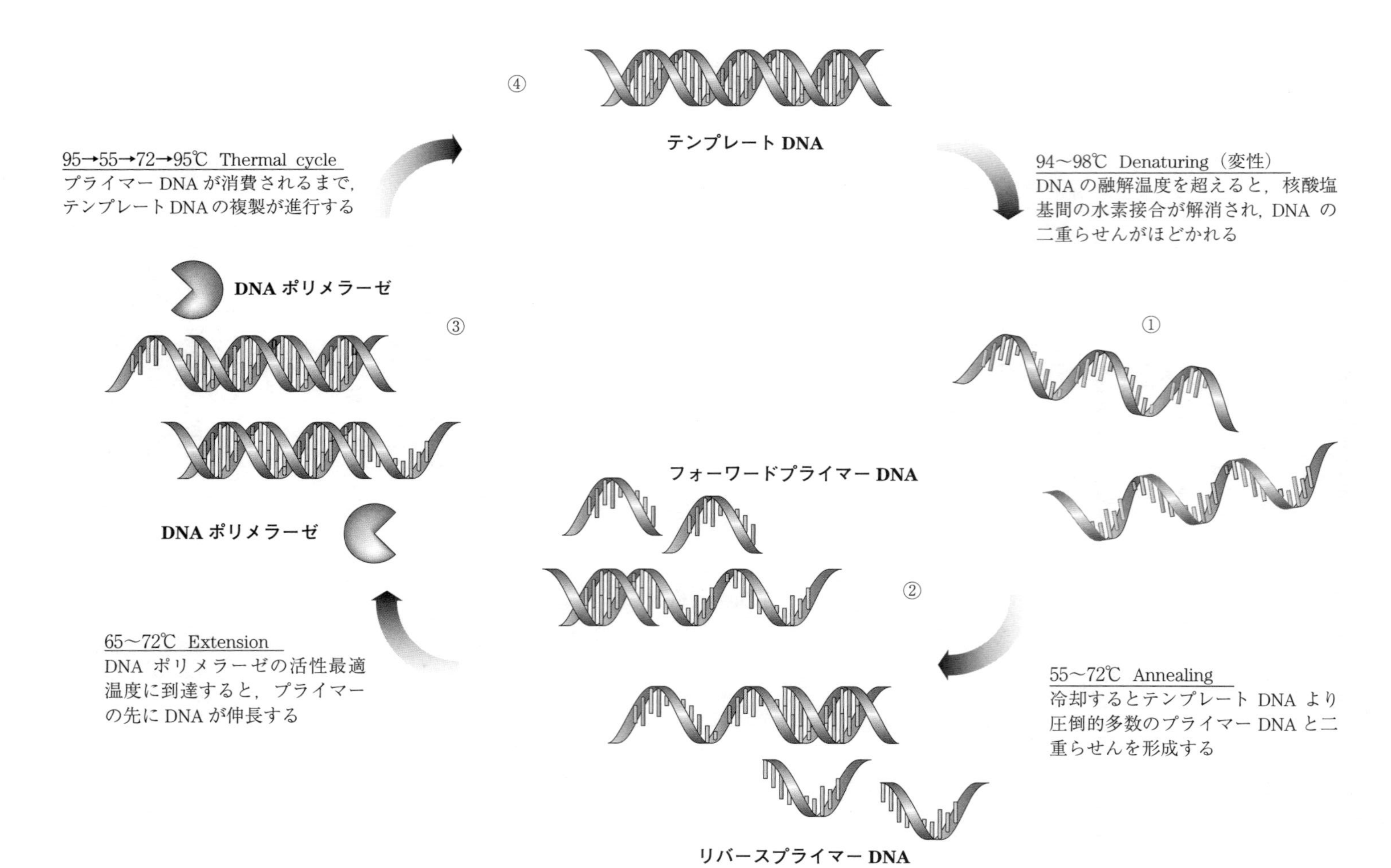

図 7.2 PCR 温度に依存した DNA 二重らせんの解消と再結合（DNA ポリメラーゼを触媒とする DNA 伸長反応によりテンプレート DNA をコピーすることができる）

DNAの融解温度は塩基対の水素結合の数に依存しているため，AT塩基対（水素結合2本）よりCG塩基対（水素結合3本）を多く含むDNAの融解温度のほうがより高い。また塩基対のミスマッチ（AT，CGではない塩基対）を含むと，融解温度は変化する。本来CG塩基対であるところが，CC，CA，CTなどのミスマッチを含むDNAでは融解温度が低くなる。この原理は，すべてのDNAの配列を決定することなく，融解温度の計測から**一塩基多型**（single nucleotide polymorphism，**SNP**）†の存在を迅速に見つけ出すことを可能にしている。

DNAの二重らせんは，水素イオン濃度の変化によってもほどかれる。低い水素イオン濃度の水溶液（高pH，アルカリ水溶液中）では，核酸塩基のプリン，ピリミジン共に水素イオンが放出され（脱プロトン），核酸塩基間の水素結合が損なわれることによりDNAの二重らせんがほどけやすくなる。**図7.3**には，DNAを構成する核酸塩基の酸解離定数

† 家族，民族など，特定の生物種集団に1%以上の頻度で出現する塩基配列の相違で，1個の塩基が，他の塩基で置き換わっているものをいう。一塩基多型が特定の疾患へのかかりやすさや，特定の薬物への応答の特徴を示すことがある。

アデノシン
pKa = 3.93
デオキシリボース　デオキシリボース

シチジン
pKa = 4.07
デオキシリボース　デオキシリボース

グアノシン
pKa = 9.27
デオキシリボース　デオキシリボース

チミジン
pKa = 9.76
デオキシリボース　デオキシリボース

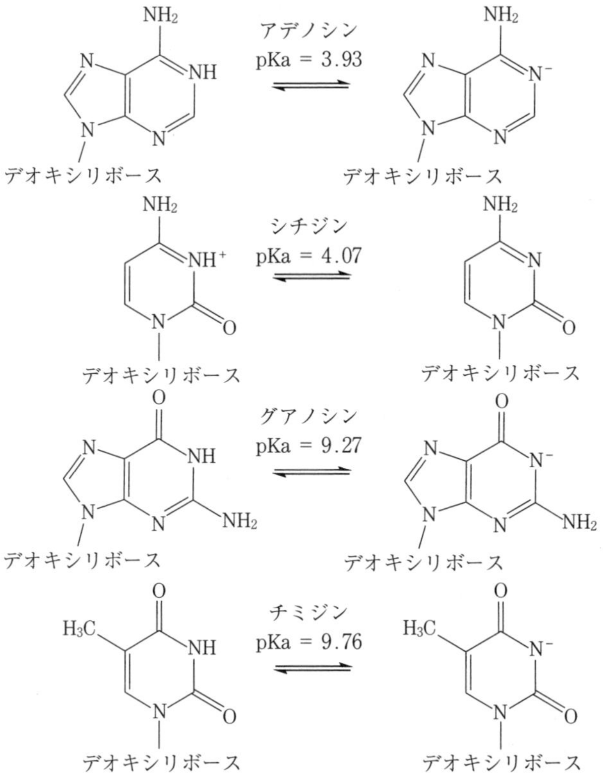

図7.3　核酸塩基の酸解離定数[12)]
アデノシン，シチジンは低pHで，プリン，ピリミジン環がアンモニウムイオンとなり，グアノシン，チミジンは高pHで，それぞれプリン，ピリミジン環のプロトンが解離するため，水素結合を形成できない

(pKa)[12] と化学構造を示した。pH を中性付近に戻せば，水素化されたアミンと非共有電子対をもつアミンとの間に再び水素結合が形成され，**プラスミド**（plasmide，**環状 DNA**）では二重らせんが再形成される。しかし，サイズの大きいゲノム DNA では，急激な pH の変化に二重らせんの再形性が追い付いていかず，他のタンパク質成分とともに凝集し，沈殿する。この原理に基づくのが，大腸菌からのプラスミド抽出（アルカリプレップ）である。

アルカリ水溶液中では，プリン，ピリミジン共にプロトンを放出し，従来の水素結合が一つずつ失われる。**図 7.4** で○印の部分が，DNA 溶液の pH が pKa を超えた際に解消される水素結合である。図 2.6 に示した Watson-Crick 型の塩基対と比較してほしい。

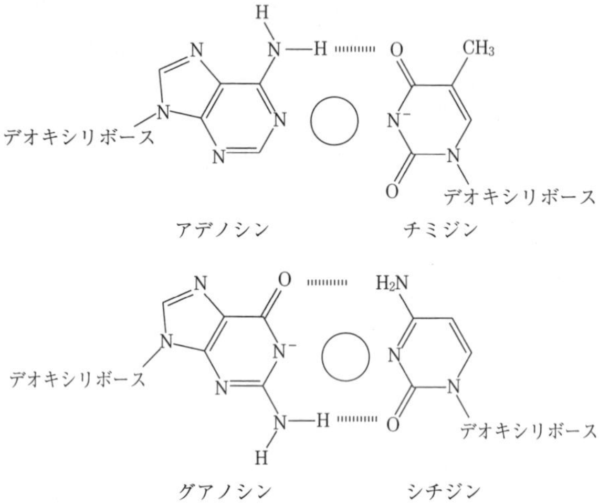

図 7.4　アルカリ水溶液中での核酸塩基間の水素結合の欠如（○印は損なわれた水素結合を示している）

大腸菌培養液から遠心分離で集めた大腸菌ペレットを中性の緩衝溶液に懸濁し，これをアルカリ性にして細胞壁，細胞膜を破砕しつつ，上記の原理で DNA の二重らせんをほどき，一本鎖 DNA を調整する。ここで pH を急激に下げ，溶液を酸性にすると，変性したタンパク質，ゲノム DNA などが共に凝集し，沈殿する。遠心分離で沈殿物を除去し，上清をイオン交換樹脂で精製すると，プラスミド DNA が得られる。DNA はリン酸部分が負の電荷をもつため，正静電相互作用により陰イオン交換樹脂に捕捉される†（**図 7.5**）。

† 現在ではプラスミド抽出のキット試薬（必要な試薬，イオン交換フィルターなどが含まれ，プロトコルに従って試料と用意された溶液を混ぜ合わせれば，必要なプラスミド DNA が得られることになっている）が広く用いられているが，上記の原理を理解せずに実験する学生の多くがプラスミド抽出に失敗する（プラスミド DNA の破断，断片化したゲノム DNA の混入など，不本意な DNA 産物が得られる）。

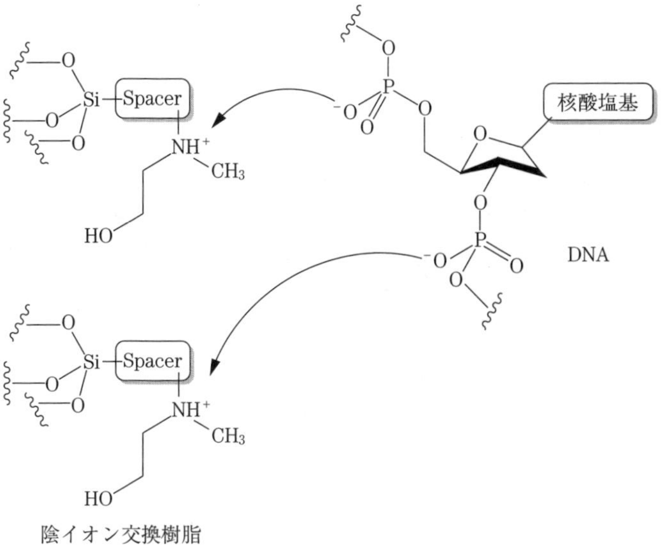

図 7.5 DNA のリン酸イオンは，イオン交換樹脂の正電荷に捕捉される

7.2 DNA と RNA の構造

7.2.1 DNA と RNA 構造の相違

DNA が二本鎖（二重らせん）として存在しているのに対し，RNA は一本鎖であるが部分的には二重らせん（**ステム**，stem）を形成する。しかし，二重らせんの部分も DNA のそれとは構造が大きく異なる。ポリヌクレオチド（DNA，RNA）の二重らせんの構造体は A 型，B 型に大別することができる。DNA は，水溶液中では B 型で，湿度 75%以下では A 型になる。RNA には B 型は見つかっておらず，二重らせん部分は A 型である（他に DNA，RNA とも Z 型が見つかっている。A 型，B 型は右巻きらせんであるのに対し，Z 型は左巻きらせんである）。このような二重らせん（A 型，B 型）の相違はリボース，デオキシリボースの立体配座の相違に起因している。**図 7.6** には，A 型，B 型におけるリボース構造の相違と，二重らせんおよび塩基対に対する**メジャーグルーブ**（major groove）と**マイナーグルーブ**（minor groove）を示した。

A 型のリボースが 3′ エンド，2′ エキソであるのに対し，B 型のリボースは 3′ エキソ，2′ エンドである。結果 A 型は太く（直径 2.55 ナノメートル）短い（ヘリックス 1 ピッチ当り 3.2 ナノメートル）。B 型は細く

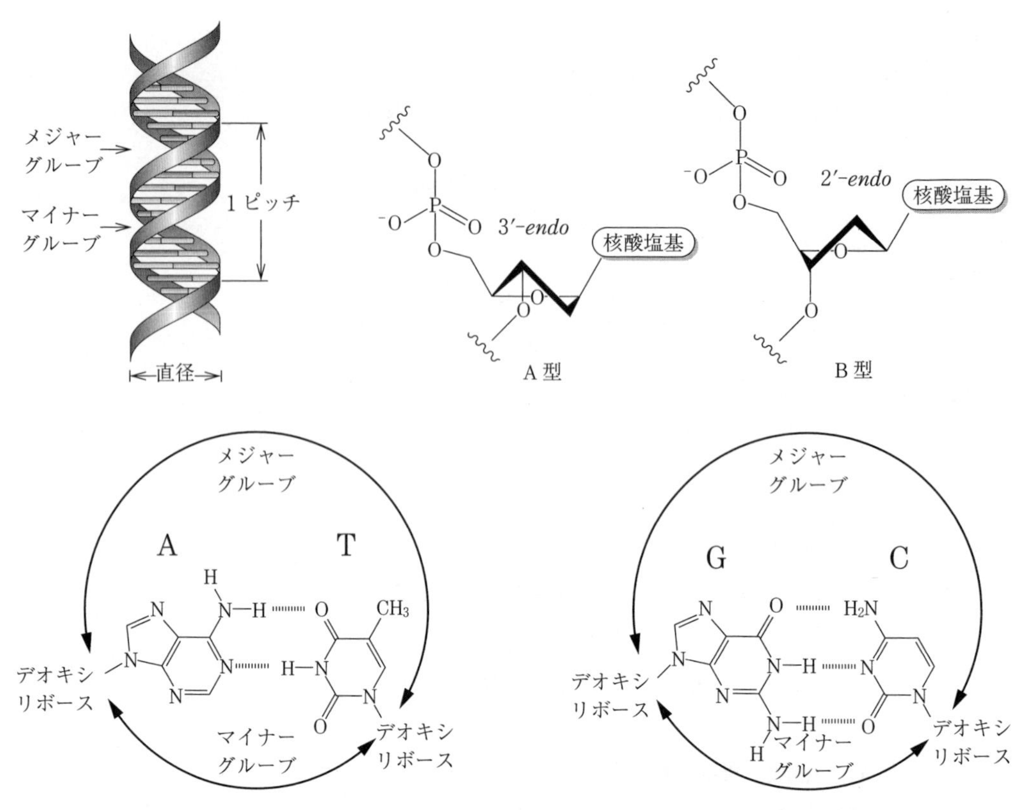

図7.6　二重らせんDNA　A型DNAおよびB型DNAに見るリボース骨格の相違とWatson-Crick型塩基対に見られるメジャーグループとマイナーグループ

（直径2.37ナノメートル）長い（ヘリックス1ピッチ当り3.4ナノメートル）。二重らせんの核酸にはメジャーグループとマイナーグループが存在するが，この大きさもA型とB型で大きく異なる。**表7.1**には，A型DNA，B型DNAのリボース構造の相違，サイズの比較をまとめた[13]。

表7.1　A型およびB型DNA　構造の相違[13]

	A型	B型
リボースの骨格	C3′-*endo*	C2′-*endo*
塩基対と二重らせんの軸のなす角度〔°〕	12	2.4
1ヌクレオチドの高さ	0.29	0.34
1ピッチの長さ	3.2	3.4
直　　径	2.55	2.37
メジャーグループの深さ	1.35	0.85
メジャーグループの幅	0.27	1.17
マイナーグループの深さ	0.28	0.75
マイナーグループの幅	1.1	0.57

〔注〕 長さの単位はすべて〔nm〕。

RNAは，部分二重らせん（ステム）以外にも塩基対を形成していない**ループ**（loop），**バルジ**（bulge），また異なるループ間で水素結合による塩基対が生じたキッシング（kissing）などの部分構造が存在してより多様な構造体を形成しており，RNAはすべての分子の中で最も複雑な表面を形成することができる。**図7.7**には，これらRNAに見られる特異構造を示した。

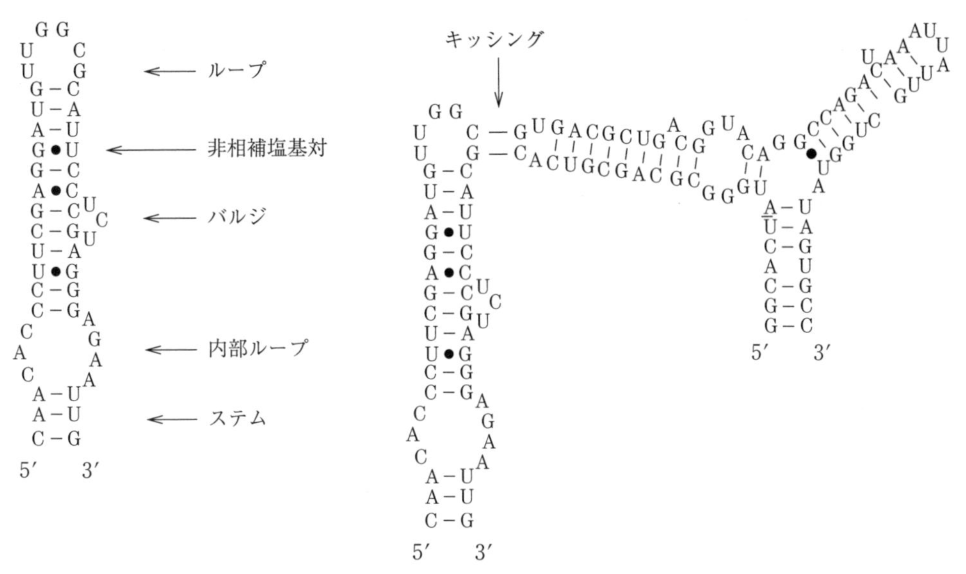

図7.7 RNAの二次構造，ステム，ループ，バルジ，キッシング，非相補塩基対（●）
（ステムの部分はA型二重らせんになるが，RNAの三次構造はより複雑になる）

7.2.2 Hoogsteen型塩基対とDNAの三重らせん

Watson-Crick型塩基対[14)]が提唱された10年後，Hoogsteenがこれとは異なる塩基対を提唱した[15)†]。シトシンのピリミジンが水素化される必要があるので，Hoogsteen C-G塩基対はpH4.1以下の酸性水溶液でのみ有効になる。Hoogsteen型塩基対は，DNAが三重らせんを形成する可能性を示唆する。天然の三重らせんDNAは確認されていないが，人工的には，DNAのメジャーグループに対し3番目のDNA Hoogsteen型塩基対を形成することにより，結合することが確認されている。**図7.8**には，Watoson-Crick型塩基対とHoogsteen型塩基対を併記して示した。なお，Hoogsteen型塩基対は，DNA-タンパク質複合体，RNAにも見出されている。

† James Watson とFrancis ClickがDNAの二重らせん構造を解き明かした10年後の1963年に，Karst Hoogsteenが，DNAの結晶構造解析から新たな塩基対を発見した。

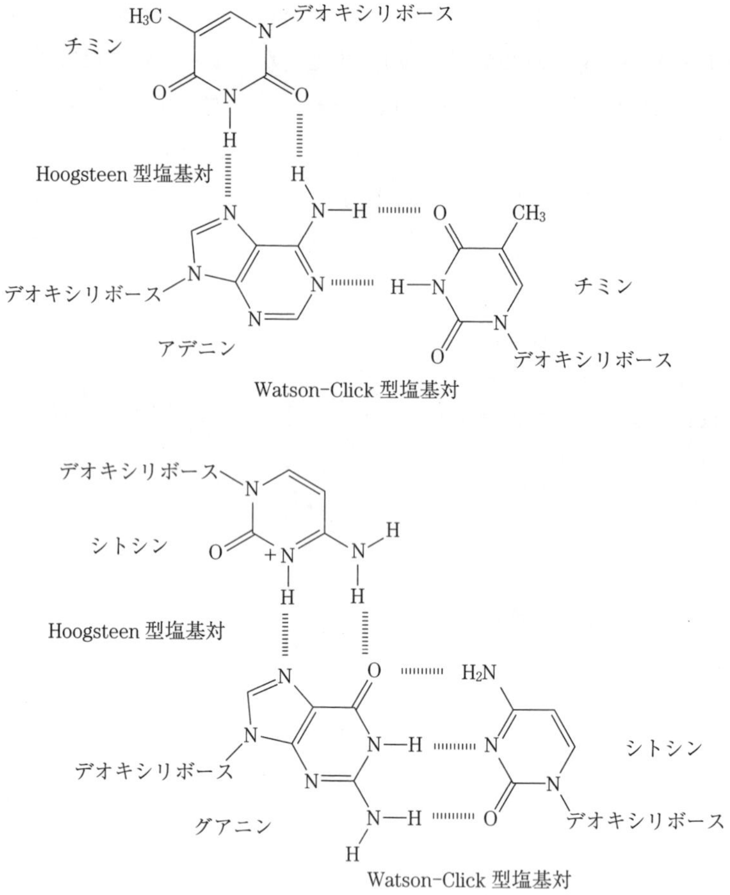

チミン
H_3C
デオキシリボース
Hoogsteen 型塩基対
CH_3
デオキシリボース
チミン
アデニン
デオキシリボース
Watson-Click 型塩基対

デオキシリボース
シトシン
Hoogsteen 型塩基対
H_2N
デオキシリボース
シトシン
グアニン
デオキシリボース
Watson-Click 型塩基対

図 7.8 Hoogsteen 塩基対と Watson-Click 塩基対

7.2.3 DNA 四重鎖の形成

真核生物の染色体末端には通常**テロメア**（telomere）が存在し，染色体末端にこれのないウイルス由来あるいは自身の損傷を受けたDNAと区別され，正常なDNAは分解や不必要な修復から守られている。また，テロメアは，細胞分裂時の正常な染色体分配にも関わっている。テロメアは，特異な構造に折りたたまれることで他のDNA配列と区別される。その特徴の一つが**DNA 四重鎖**（DNA guadruplex）である。四つのグアニジンがHoogsteen 型塩基対によりグアニジン四量体を形成し，カリウムイオンが塩基対間にインターカレートすることで，この構造をより安定化している（**図 7.9**）。

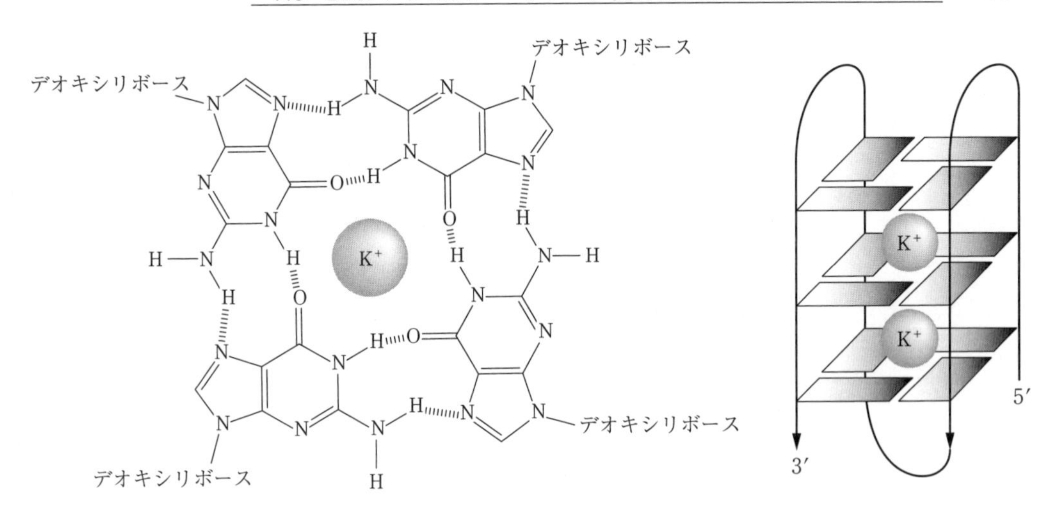

図 7.9　テロメア中に見られるグアニジン四量体
DNA または RNA が一筆書きで四重鎖を形成し，Hoogsteen 型塩基対，カリウムイオンのインターカレーションにより構造を安定化している

7.3　DNA から RNA へ　タンパク質合成に必要な遺伝情報の編集

ゲノム DNA に記録されている生命体を構成するタンパク質のアミノ酸配列の情報は，全ゲノム情報の 2%に満たない。しかし，全ゲノム情報の 90%以上が RNA に転写されており，**メッセンジャー RNA**（**mRNA**）の段階で膨大なゲノムの遺伝情報は，生命活動に必要なタンパク質のアミノ酸配列情報（**エキソン**，exon）へと集約され，編集がなされている。mRNA には，**イントロン**（intron）と呼ばれるタンパク質には翻訳されない塩基配列が存在し，これは**スプライセオソーム**[†1]が触媒となって切除される（**イントロンスプライシング**，intron splicing）。スプライセオソームは RNA とタンパク質の複合体として形成されているが，その触媒機能は RNA が担っており，タンパク質は単に RNA の構造を維持するための因子と考えられる。また，mRNA の中にはスプライセオソームにはよらず，自身が触媒（自己触媒）となってイントロンを切除してエキソンをつなぎ合わせ，タンパク質に翻訳可能な成熟した mRNA（mature mRNA，**mmRNA**）を合成するものが知られている。これらの自己触媒機能をもった RNA を**リボザイム**（ribozyme）[†2]という。この mRNA が自己触媒となるイントロンスプライシングには，二つの型が存在する。

†1 spliceosome。複数のタンパク質と RNA の複合体。

†2 Thomas Cech，Sidny Altman によって発見された。二人は，この功績によって，1989 年にノーベル化学賞を授与されている。

7.3.1　グループIイントロンスプライシング

グループIリボザイムは，マグネシウムイオンが結合すると折りたたまれてループを形成し，グアノシン結合部位を形成する（**図7.10** ①，②）。この**グアノシン**は，リボザイム本体とは独立した外来の単量体である。リボザイム中のこの単量体グアノシンは，リボザイムの触媒活性を助け補酵素的に働く。グアノシンの3′位水酸基が求核種となり，イントロンを切断し，5′末端に結合する（図③）。次いでエキソンの3′末端の水酸基が求核種となりイントロンを加水分解して切断すると，同時に下流に位置するエキソンの5′末端と結合する（図④）。結果として5′末端にグアノシンが付加されたイントロンが切り離される（図⑤）。切り出されたエキソンがmmRNAとしてタンパク質が翻訳される（図⑥）。すなわち，RNA自身がタンパク質の酵素の助けを借りることなく自己触媒として働き，期待されるタンパク質合成には不必要なRNA配列であるイントロンを切除している。グループIリボザイムは，生命の種を問わず広く見つかっており，さまざまな種で遺伝情報の編集に関わって

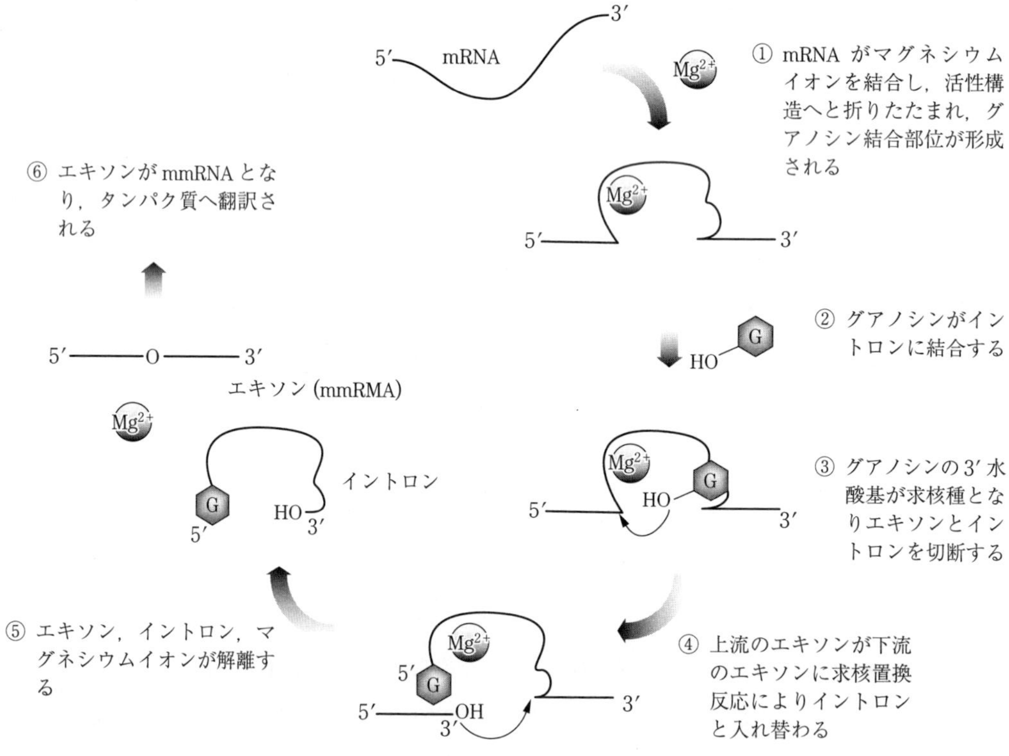

図7.10　グループIイントロンスプライシング
マグネシウムの結合をきっかけにイントロンが折りたたまれると，次いでグアノシンが結合し，これが求核剤として補酵素的に働きイントロンを切断する

いると考えられている。

7.3.2 グループIIイントロンスプライシング

グループIIリボザイムは，上述のグループIリボザイムにある補酵素グアノシンのような外部因子を必要とせず，単独で自己触媒として働きスプライシングを完結する。グループIと同様に，マグネシウムイオンが結合すると折りたたまれてループを形成する（**図7.11**①）。イントロン内，アデノシンの2位水酸基が，イントロンの5′末端となるリンに求核的に反応し，エステル交換が起こる（図②）。次いでエキソンの3′末端の水酸基がイントロンを加水分解により切断すると，同時に下流に位置するエキソンの5′末端と結合し（図③），結果として環状RNAのイントロンが切り離されることになる（図④）。切り出されたエキソンがmmRNAとしてタンパク質が翻訳される（図⑤）。グループIIイントロンのスプライシングを試験管内で行う場合，最適な温度45℃であっても反応速度はグループIイントロンスプライシングの10分の1以下

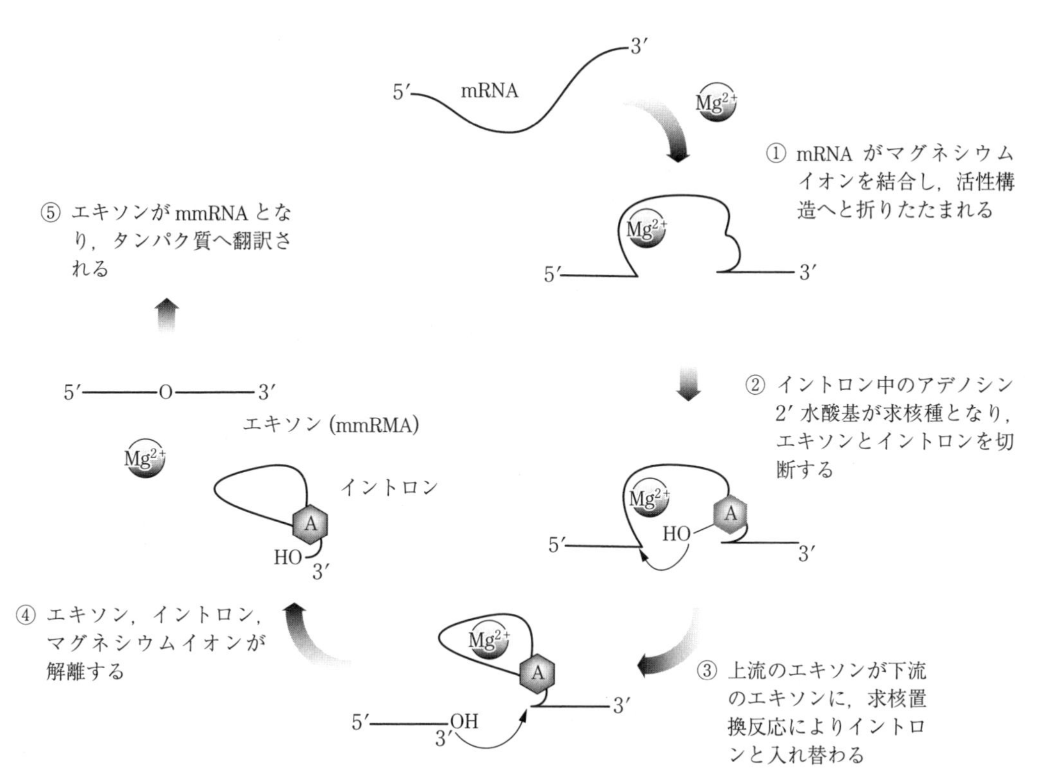

図7.11 グループIIイントロンスプライシング
グループIIイントロンもマグネシウムの結合により折りたたまれるが，イントロン中のアデノシンが求核剤となり自己触媒として働く

であるなど，触媒としての性能はグループIより明らかに劣ることから，実際の細胞内の反応では特定のタンパク質がグループIIリボザイムの機能を助けていることが示唆されている。

7.4　タンパク質の生合成（翻訳合成）

アミンとカルボン酸からペプチド結合（アミド結合）が形成される反応は脱水縮合反応と理解されるが，アミノ酸を混合してもタンパク質（ペプチド）が自発的に形成されることはない。アミノ酸（のカルボン酸）を活性化し，アミンが求核種として働く求核置換反応に適した脱離基を導く必要がある。タンパク質合成に必要なアミノ酸配列の情報をもつmRNAのコドン†に適合したアミノ酸を輸送するのは，**トランスファーRNA**（transfer RNA，**tRNA**）である。tRNAは**アミノアシルtRNA**として適切なアミノ酸を**リボゾーム**（ribosome）に配達するのみならず，ペプチド結合形成の際の有効な脱離基としても機能している。アミノアシルtRNAは2段階の反応で導かれる。

† タンパク質のアミノ酸一つを指定する三つのヌクレオチドの組み合わせをコドンという。

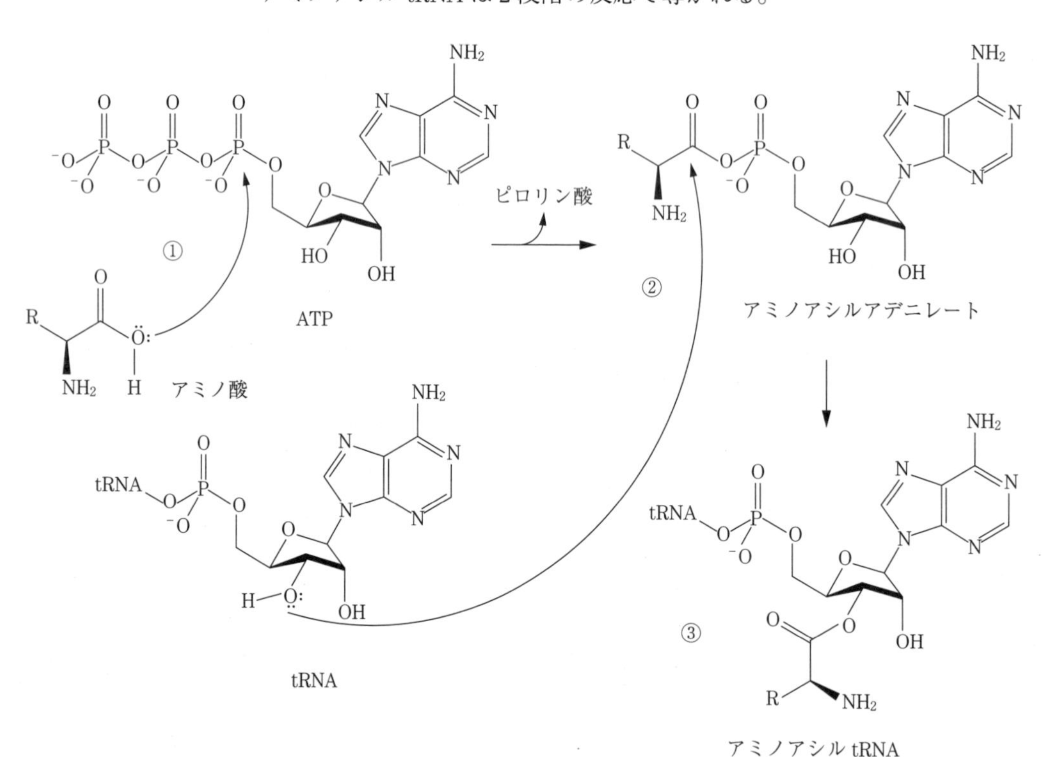

図7.12　アミノアシルtRNA
アミノ酸とAMPの酸無水物にtRNAの3′末端アデノシンの2位水酸基が求核置換し，アミノアシルtRNAが合成される

アミノ酸はアデノシン三リン酸（ATP）に求核反応し，二リン酸（ADP）が脱離してアミノアシルアデニレート（aminoacyl adenylate）を生じる（**図 7.12** ①）。これはカルボン酸が**アデノシン一リン酸**（adenosine monophosphate, **AMP**）との間に形成した酸無水物である。次いで tRNA の 3′ 末端アデノシンの 2 位水酸基が求核種となり，アミノアシルアデニレートから tRNA へアミノ酸が**アシル転移**（acyl transfer）され（図②），アミノアシル tRNA が形成される（図③）。ここで触媒として働くアミノアシル tRNA シンテターゼ（aminoacyl-tRNA-synthetase）は，tRNA のコドンとアミノ酸に対しきわめて高い特異性をもっている。アミノアシル tRNA は，カルボン酸とリボースの縮合体で，タンパク質（ペプチド）合成では tRNA が脱離基として働く。

アミノアシル tRNA は，リボゾーム内に取り込まれた mRNA とコドンに基づいて相補的に結合し，mRNA（ゲノム）にコードされたアミノ酸配列に基づいたタンパク質が合成される（**図 7.13**）。タンパク質の生合成は，アミノ酸に対して，tRNA と活性エステルを形成しているタンパク質がアシル転移を繰り返して進行するため，アミノ酸のアミノ末端

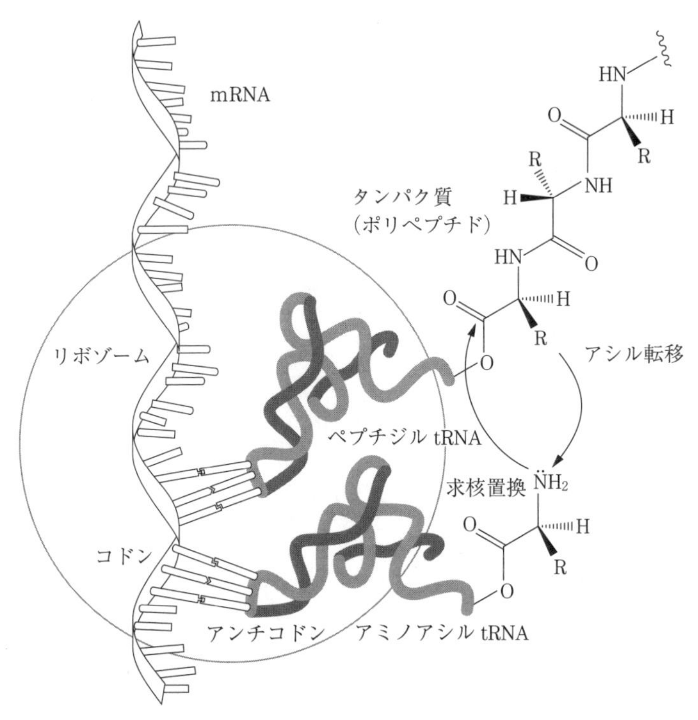

図 7.13　タンパク質の翻訳合成
アミノアシル tRNA からペプチジル tRNA への tRNA としてタンパク質（ポリペチド）が合成される

（N 末）からカルボキシ末端（C 末）に伸長する。

7.5　タンパク質（ポリペプチド）の化学合成

タンパク質（ポリペプチド）の化学合成では，伸長したポリペプチドに対してアミノ酸がアシル転移を繰り返して進行するため，カルボキシ末端（C 末）からアミノ末端（N 末）へ伸長する。現在のペプチド合成で最も広く採用されているのは固相合成である。液相合成に比べ操作が簡略化されており，完全な自動化が可能になっている。ポリスチレンなどの樹脂上にアミノ基に対してアミノ酸の導入を繰り返し，ペプチドが伸長する。縮合反応の暴走（無秩序なペプチドの伸長反応）を回避するため，アミノ酸のアミノ基は，9-フルオレニルメチルオキシカルボニル（Fmoc）基などで保護されている。アミノ酸は各種縮合剤により酸無水

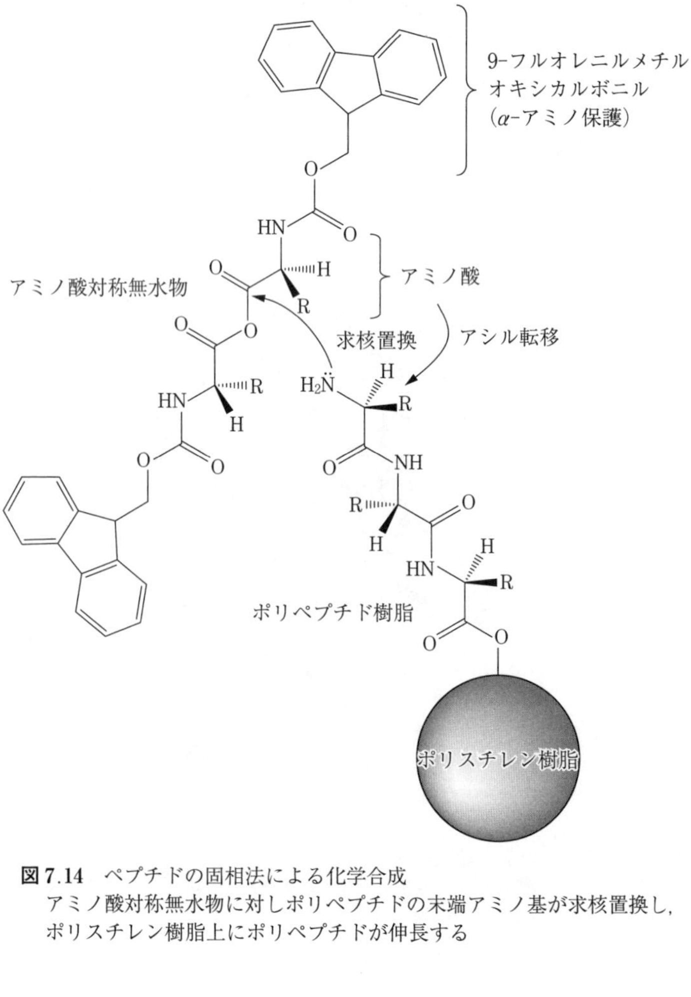

図 7.14　ペプチドの固相法による化学合成
アミノ酸対称無水物に対しポリペプチドの末端アミノ基が求核置換し，ポリスチレン樹脂上にポリペプチドが伸長する

物または活性エステルに導かれ，これに対してポリペプチド末端のアミノ基が求核剤として働き，アミノ基の一プロトンが触媒である塩基により引き取られると同時にカルボン酸と縮合反応が完結する。求核置換反応の脱離基は，酸無水物ではカルボン酸（アミノ酸），活性ステルではアルコールである。**図7.14**に，固相法によるペプチド結合形成の概略を示した。ペプチドの化学合成では，生合成とは逆にカルボキシ末端（C末）からアミノ末端（N末）へペプチドが伸長する。

7.6 生命情報発現の調節 リボスイッチ

細胞内では，さまざまな化学物質（代謝物質，metabolite，mb）が酵素を触媒にして生産され，それが細胞活動を営み，生命を維持している。この化学物質の過剰生産を抑制し，代謝物質の細胞内濃度を一定値以下に維持する仕組みの一つに，**リボスイッチ**（riboswitch）[16]がある。代謝物質の濃度が低い場合は，mRNAの翻訳開始配列の上流がアンチターミネターとなるヘアピン構造に折りたたまれ，RNAポリメラーゼはDNAのゲノム情報をmRNAに転写しつづけ（**図7.15**(a)，リボスイッチON），この情報に基づきタンパク質が合成される。こうして合成されたタンパク質が触媒（酵素）となり物質生産（代謝）が進行するが，この代謝物質が一定濃度を超えると代謝物質のリボスイッチへの結合が進行し（図(b)，リボスイッチOFF），これをきっかけに転写ターミネーターとなるヘアピンループが形成されてRNAポリメラーゼが解離するため，そ

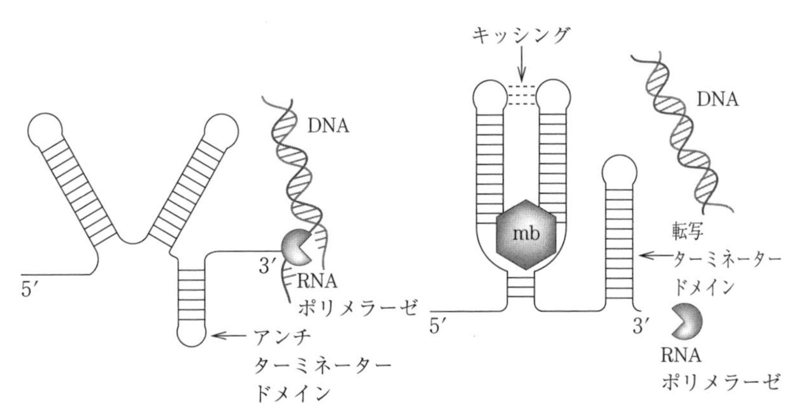

(a) リボスイッチON（転写続行）　(b) リボスイッチOFF（転写停止）

図7.15 リボスイッチ
mRNAの非翻訳領域に代謝物質が結合すると，mRNAの非翻訳領域が折りたたまれ，OFFのリボスイッチとして働く

の先の mRNA は転写されず代謝生産に関わる酵素も合成されなくなり，過剰になった代謝物質の生産が抑制される。代謝物質の濃度が減少すると，代謝物質はリボスイッチから解離するため通常の転写が進行し，タンパク質（酵素）の翻訳が再び進行して物質生産（代謝）が再開される。

章末問題

—この章の理解を深めるために—

問題 7-1　DNA が融解すると吸光度（吸収極大波長は 260 nm）が増大するのはなぜか（核酸塩基間の水素結合が解消されると，核酸塩基の吸光度が増大するのはなぜか）？

問題 7-2　細胞中では DNA が二本鎖（二重らせん構造）で存在するのに対し，RNA は一本鎖で存在するのはなぜか？ また一本鎖の RNA も部分的には二重らせん構造を形成している。RNA と DNA の二重らせん構造の相違点を挙げ，そのような DNA と RNA の構造に相違をもたらす要因を述べなさい。

問題 7-3　ゲノム情報の 90% が RNA に転写されるが，タンパク質に翻訳されるまでにゲノム情報は 2% に要約される。タンパク質翻訳に不要なゲノム情報はいかにして削除されるか？

問題 7-4　タンパク質（ポリペプチド）の生合成と化学合成の相違点を，以下の点に留意して述べなさい。

① アミノ酸の活性化　② 脱離基　③ ポリペプチド鎖の伸長方向

問題 7-5　細胞は過剰な代謝物質の生産をいかにして抑制しているか？

8章 タンパク質の構造

タンパク質の構造と機能には密接な関係がある。一般的には，タンパク質の構造が損なわれると期待される機能が発揮されない。X線回折によるタンパク質の結晶構造解析，あるいは核磁気共鳴スペクトルの解析から解き明かされたタンパク質の構造から，タンパク質を高次構造へと折りたたむ相互作用が理解されてきたが，実験的にタンパク質の構造を決定するにはまだ膨大な時間と費用を要するのが現実である。タンパク質を折りたたむ分子内，分子間の相互作用を理解し，タンパク質を構成するアミノ酸配列からその高次構造を予測する試みは，数多くなされている。

8.1 タンパク質の一次構造　アミノ酸配列

タンパク質の**一次構造**（primary structure）とは，タンパク質を構成するアミノ酸配列のことである。単離されたタンパク質の高次構造（後述）をほどき，アミノ末端を**フェニルイソチオシアネート**（phenylisothiocyanate）で標識して酸性下で加熱すると，N末端のアミノ酸が加水分解により脱離し，さらに環化され**フェニルチオヒダントイン**（phenylthiohydantoin）が遊離する。このアミノ酸分析は**エドマン分解法**[17)†]と呼ばれている。**図8.1**に，エドマン分解法によるタンパク質の分解標識反応のスキームを示した。

このN末端標識分解反応を繰り返し，標識されたN末端アミノ酸を**高分解能液体クロマトグラフィー**（high performance liquid chromatography, **HPLC**）により分離し，アミノ酸の標準試料（フェニルチオヒダントイン化されたアミノ酸）を基に同定すると，アミノ酸配列すなわちタンパク質の一次構造を決定することができる。また，タンパク質のアミノ酸配列は，これをコードしているDNAの塩基配列から予測することもできる。タンパク質の一次構造を知ることは，そのタンパク質の構造と機能を知るためのはじめの一歩である。

† このアミノ酸分析法を開発したスウェーデンの生化学者Pehr Victor Edmanに因んでいる。

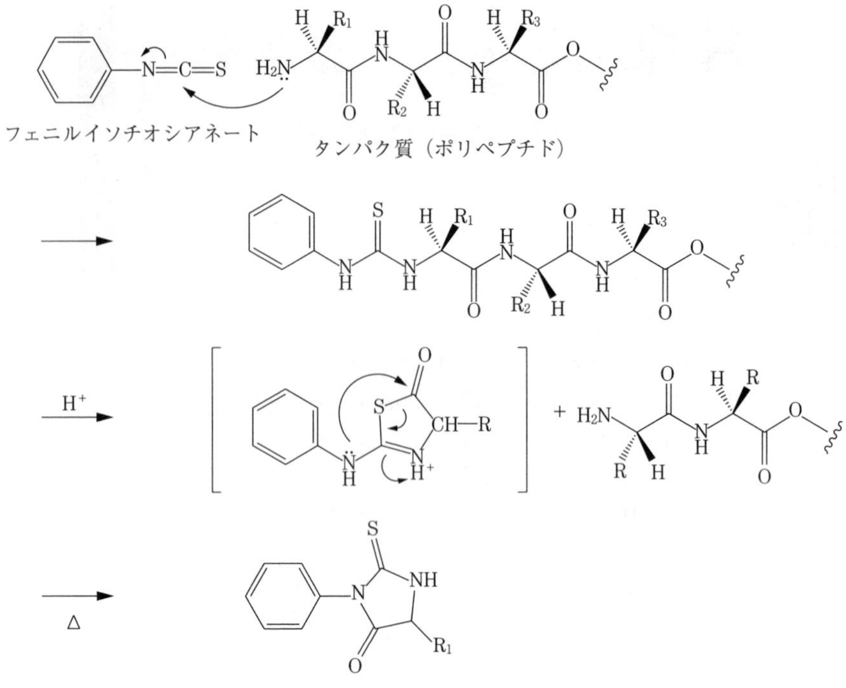

フェニルイソチオシアネート　　タンパク質（ポリペプチド）

フェニルチオヒダントイン

図 8.1　エドマン分解による末端アミノ酸の標識と遊離
タンパク質（ポリペプチド）をアミノ末端から一アミノ酸を標識しつつ切除する

8.2　タンパク質の二次構造　主鎖の水素結合と二面角

タンパク質（ポリペプチド）は，その主鎖のペプチド結合間に水素結合が生じることで，α–へリックス，β–シート，β–ターンなど特徴的な構造体へと折りたたまれる。このようなタンパク質中に存在する局所構造を**二次構造**（secondary structure）という。

ペプチド結合上の双極子モーメントがなす双極子–双極子相互作用による引力と主鎖内の水素結合によりペプチドが折りたたまれると，らせん構造を形成する。これを**α–へリックス**という（**図 8.2**）。α–へリックスは右巻き（時計回り）のらせんで，1 ピッチ（1 回転）は 0.54 nm，3.6 個のアミノ酸（モノマー）を含む（18 アミノ酸で 5 ピッチ）。α–へリックスを円筒と見なすと，側鎖を含まない円筒の直径が 0.5 nm になる。α 炭素間は 0.15 nm である。

ポリペプチドの主鎖間で水素結合が形成されると**β–シート**になる。α–へリックスでは一本のポリペプチドが単独で形成されるのに対し，β–シートは，二本以上のポリペプチド鎖から形成されるひだ折れ状の

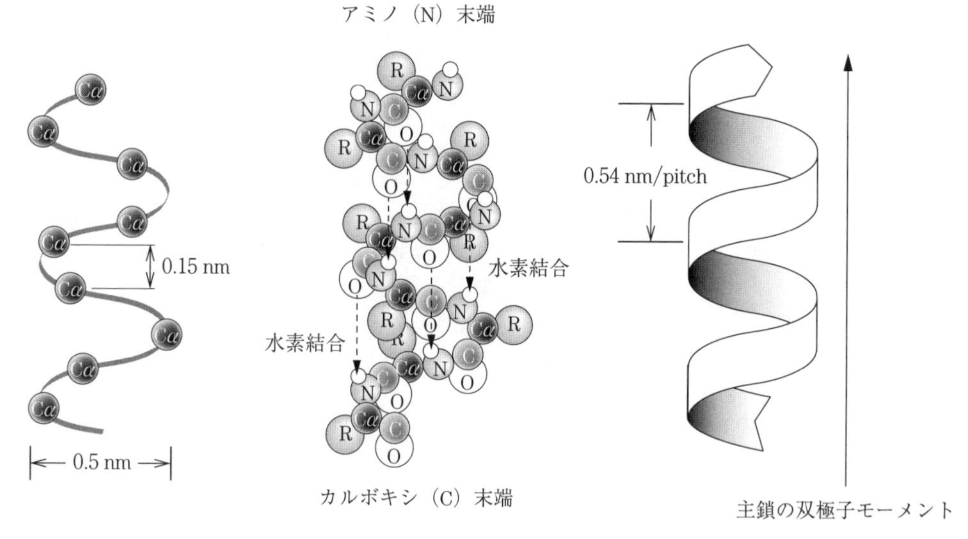

図 8.2 タンパク質（ポリペプチド）のα-ヘリックス構造
（主鎖内の水素結合によって構築される）

シート構造体である[†]。β-シート中では，α 炭素間の距離は 0.35 nm で，α-ヘリックスより伸びた構造になる。主鎖の方向が平行（**図 8.3 (a)**）または逆平行（図 (b)）のβ-シートが存在する。

† 図 8.6「ペプチド結合と二面角」を参照。

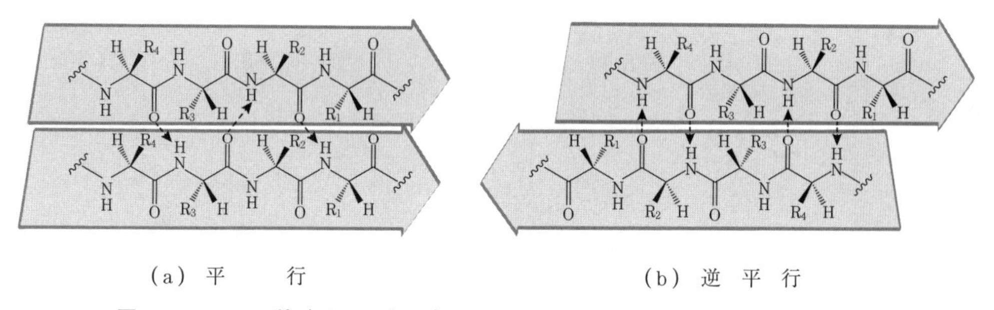

(a) 平　　行　　　(b) 逆　平　行

図 8.3 タンパク質（ポリペプチド）のβ-シート
主鎖間の水素結合によって構築される。逆平行と平行のβ-シート構造が存在する

二次構造は主鎖の水素結合により形成されるが，側鎖間の相互作用がさらに二次構造を安定化することがある。ロイシンのイソブチル，トリプトファンのインドール，フェニルアラニンのベンジルなど疎水性の側鎖は，水溶液中では疎水性会合によりタンパク質を折りたたむきっかけにもなっている。

二本のペプチド鎖により構成される逆平行β-シートがつながれている部分は，ペプチド鎖の伸長方向が 180° 回転したループで，**β-ターン**と呼ばれる。β-ターンは I 型（**図 8.4 (a)**）と II 型（図 (b)）がある。すべてのアミノ酸の組合せがβ-ターンを許容するわけではない。プロ

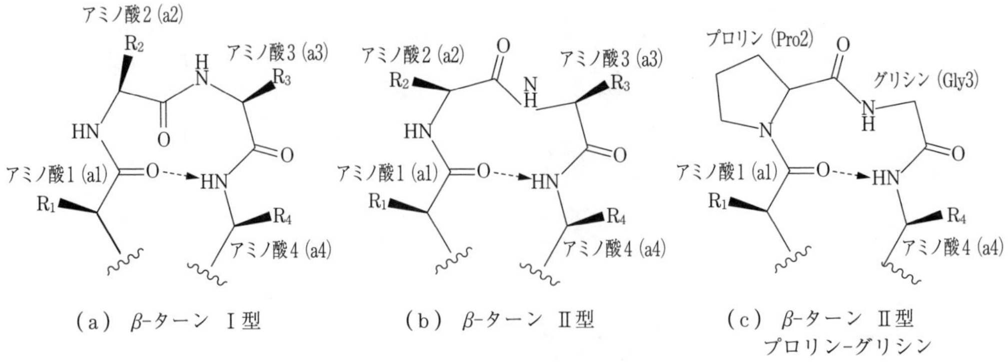

（a）β-ターン I型　　（b）β-ターン II型　　（c）β-ターン II型 プロリン-グリシン

図8.4　β-ターンのI型とII型
プロリン-グリシンの連結はβ-ターンになりやすい。三つ目の図（c）は，アミノ酸1（a1）-プロリン（Pro2）-グリシン（Gly3）-アミノ酸4（a4）でβ-ターンII型を形成している

リン-グリシン（図（c））はβ-ターンによく見られる組合せで，プロリンの側鎖がα炭素とアミノ基を含む五員環を構成していることや，グリシンに側鎖が存在しないことから，ループになった場合の立体的な障害が起こらない。プロリン-グリシンのアミノ酸の連結は，β-ターンを形成するのに都合がよい。

ペプチド（アミド）結合は，この結合を軸（N-C）として二つのα炭素がどちら側へ配置するかで理論上は立体異性（トランス，シス）が存在するが（**図8.5**（a）），実際のタンパク質中に見出されるペプチド結合

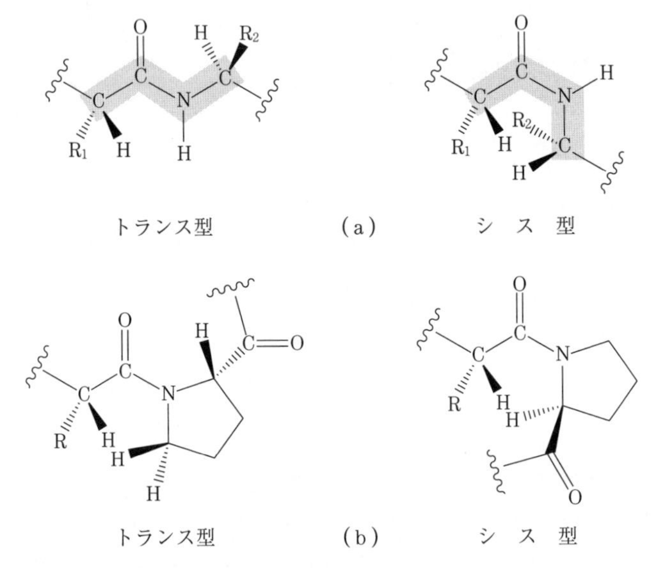

図8.5　ペプチド結合のトランス型とシス型（a）
一般には，シス型における側鎖R_1，R_2の立体障害によりトランス型をとりやすいが，プロリンを含むペプチド結合（b）側鎖の立体障害は，トランス，シスとも同程度になる

はトランス型である。α 炭素に結合している側鎖が嵩高(かさだか)いほど立体障害が大きくなり，シス型をとることが難しい。また，ペプチド結合を構成するカルボニル基とアミノ基上の非共有電子対がペプチド結合全体で非局在化することにより，ペプチド結合上の窒素-炭素（N-C）結合は二重結合に近い性質をもつため，N-C 軸は回転が許されずより構造的に安定なトランス型ペプチド結合に落ち着くことになる。ただし例外は存在し，プロリンは側鎖が α 炭素とアミノ基を含んで環化しているため，側鎖間の立体障害はトランス型，シス型ともに同程度になる（図 (b)）。

ペプチド結合をトランス型に固定すると，α 炭素のまわりには二つの回転角（φ, ψ，**二面角**[†1]，dihedral angle）を定義することができ（**図 8.6 (a)**），この二面角 (φ, ψ) の組合せで α-ヘリックス，β-シートの二次構造が決まってくる。ラマチャンドラン[†2]は，二面角 (φ, ψ) の組合せからタンパク質の二次構造を予測し，図示した。α-ヘリックスの二面角 (φ, ψ) では −60°，−50°，β-シートでは −120°，+120° が，それぞれの二次構造体が安定に形成される二面角になる。ラマチャンドランダイアグラム（図 (b)）に予測されている二面角の組合せとタンパク質の二次構造は，実際に実験で求められたタンパク質中の二面角の組合せともよく合っている。

[†1] 実際は二つの C-CO 軸，または二つの C-NH 軸のなす角であるから，文字どおり**双頭角**（dihedral angle）である。

[†2] 1963 年にインドの科学者 Gopalasamudram Narayanan Ramachandran（1922-2001）によって開発された。

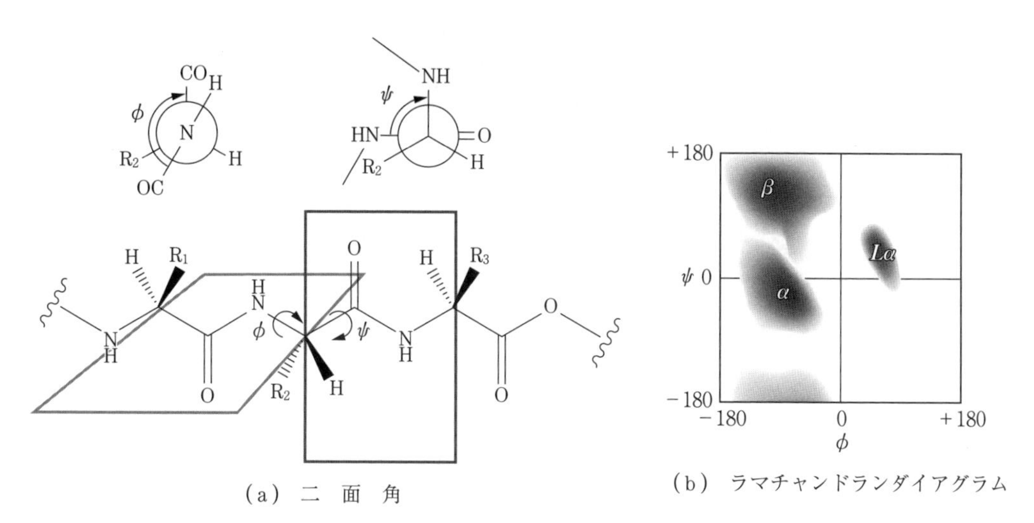

図 8.6 ペプチド結合と二面角 ラマチャンドランダイアグラム
ラマチャンドランダイアグラムは二面角の組合せによるポリペプチドの二次構造の予測の分布である

アミノ酸は，光学活性で偏光面を回転する性質と紫外線を吸収する性質を併せもっているため，タンパク質の二次構造は**円二色性スペクトル**（circular dichroism spectrum）に反映される（**図 8.7**）。α-ヘリックスは

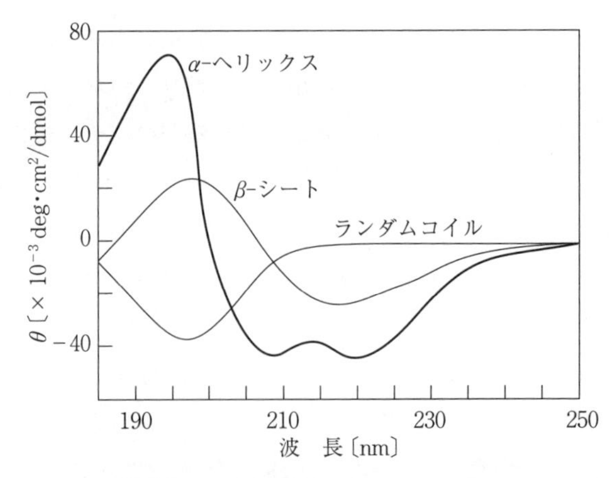

図 8.7　ポリペプチドの二次構造と円二色性スペクトル
紫外領域の円二色性スペクトルはポリペプチドの二次構造を反映する

195 nm 付近に正，208 nm，222 nm 付近に二つの負の極大を，β–シートは 180 nm 付近に正，216 nm 付近に正の極大を，ランダムコイルは 200 nm 付近に負の極大を示す。

8.3　タンパク質の三次構造　側鎖の相互作用による折りたたみ

一本のタンパク質（一本のポリペプチド）が織り成す全体構造を，**三次構造**（tertiary structure）と呼ぶ。1 個のタンパク質の三次元構造といってもよい。局所的な構造である二次構造が三次構造に折りたたまれるためには，二次構造体間の相互作用が必要になる。水溶液中では，疎水性の側鎖が相互作用して二次構造体が会合することで，疎水面を内側へ，親水面を外側に向けるようにタンパク質は折りたたまれる。**図 8.8** (a) には，疎水性側鎖をもつアミノ酸とその会合を示した。筋肉中で酸素分子をそれが必要なときまで結合しているミオグロビンは，A から H まで八本の α–ヘリックスから成る三次構造である（図 (b)）。それぞれの α–ヘリックスが接する部分には，ロイシン，フェニルアラニンなど疎水性の側鎖をもったアミノ酸が見られ，ミオグロビンが疎水性相互作用によって折りたたまれている構造体であることがわかる。

膜脂質により形成される低極性の媒体中に存在する内在性膜タンパク質は，逆に親水性の側鎖による静電相互作用，水素結合などでたがいに引力を及ぼし，疎水面を外側に向け，細胞膜脂質と親和性をもって折りたたまれていく。

さらに，システインの側鎖にあるチオールが酸化されて生じる**ジスル**

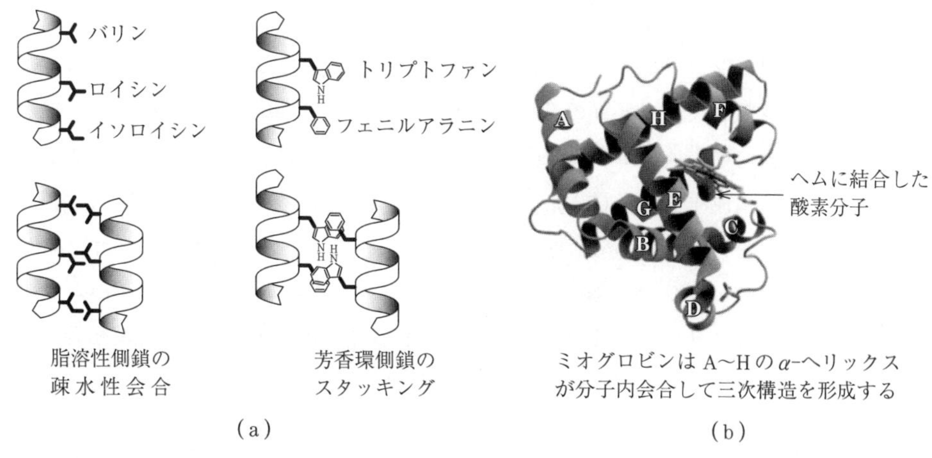

図8.8　疎水性側鎖の相互作用で会合するα−ヘリックス
ミオグロビンは八本のα−ヘリックスが分子内会合して折りたたまれた三次構造をもつ

フィド結合（disulfide bond，共有結合，**図8.9**）によりペプチド鎖が架橋し，より安定でほどけにくい三次構造を維持する。タンパク質の電気泳動，一次構造の解析を行う場合は，還元反応によりジスルフィド結合を解消しておく必要がある。

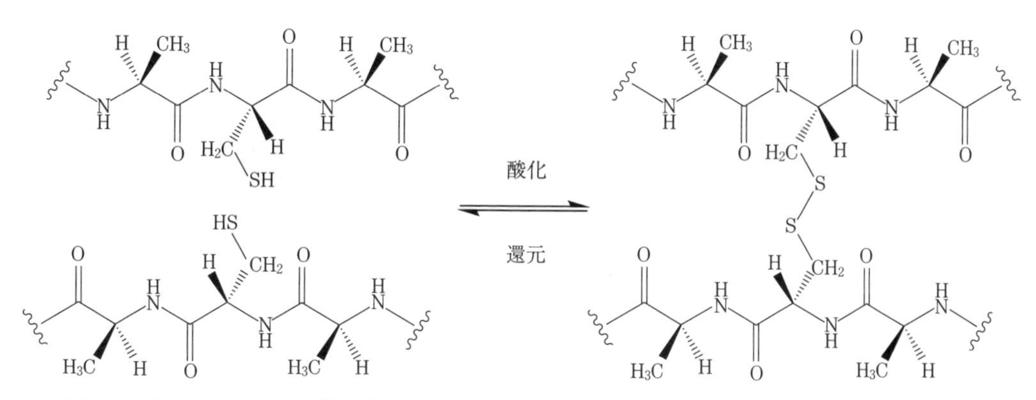

図8.9　ジスルフィド結合（共有結合）によるペプチド鎖の架橋
ペプチド鎖を架橋することで，折りたたまれたタンパク質の三次構造，四次構造がより安定化する

8.4　タンパク質の四次構造　タンパク質の相互作用

複数のタンパク質が会合した二量体以上の会合体が，一つの機能集合体を形成するとき，**四次構造**（quaternary structure）と呼ぶ。三次構造と同様，細胞内など水溶液中で会合が起こる場合は，三次構造をもったタンパク質の疎水面をたがいに向かい合わせて会合する。

ヘモグロビン（hemoglobin）と**ミオグロビン**（myoglobin）†は共に

† ギリシャ語でhemo-は血を，myo-は筋肉を意味する。

酸素を結合するタンパク質で，それぞれ血液中，筋肉中で働く。ミオグロビンは単量体（一つのタンパク質）であるのに対し，ヘモグロビンは四量体で，α と β の２種類のサブユニット（単量体，**図8.10**(a)）が会合したヘテロ（異種）二量体 $\alpha\beta$ が，さらに会合して $2\alpha2\beta$ の四量体を構成する（図(b)）。ミオグロビンが酸素一分子を結合するのに対し，ヘモグロビンは酸素四分子を結合する。またヘモグロビン，ミオグロビン共にタンパク質単体では働かず，ヘム[†1]を結合している。ヘムはポルフィリン（有機化合物）がその中心に二価の鉄イオンを配位結合した錯体である。ヘモグロビンの各サブユニット，ミオグロビンとも，これらのタンパク質を構成するアミノ酸の一つであるヒスチジンの側鎖(His64，His93）のイミダゾールがヘム中の二価鉄イオンに配位結合することで，ヘムを保持している。

[†1] 2.2節「配位結合と金属タンパク質」を参照。

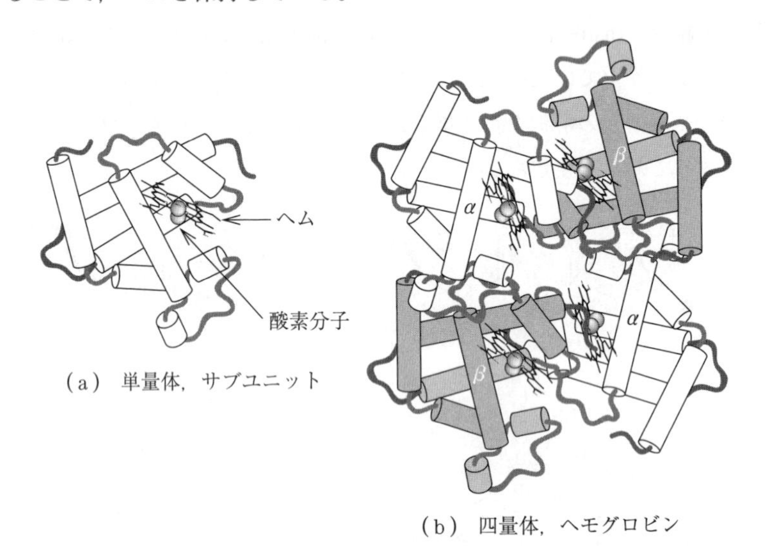

(a) 単量体，サブユニット

(b) 四量体，ヘモグロビン

図8.10　タンパク質の四次構造
ヘモグロビンは，α,β 二つのサブユニットが会合して構成される四量体（四次構造）である

ミオグロビンは，酸素一分子を結合して筋肉中にこれを保持する。ミオグロビンと酸素の結合の化学量論は１対１である。一方，ヘモグロビンは酸素４分子まで結合して赤血球中に存在し，赤血球とともに血流に乗って移動し，筋肉への酸素の運搬を担っている。ヘモグロビンの酸素結合には正の協働性[†2]が見られ，酸素の分圧（濃度）の高い肺胞中ではより効率よく酸素分子を結合し，酸素が消費され，酸素分圧の低い筋肉中では酸素分子を連続的に解離する。

[†2] 9.5節「受容体に対する基質結合の協同性，協同性の判定」を参照。

8.5 タンパク質の折りたたみと構造の遷移

タンパク質の構造は，さまざまな物理化学作用によってほどかれ凝集する。このことをタンパク質の**変性**（denaturation）という。タンパク質の変性を誘起する化学作用は，熱，水素イオン濃度（pH），溶媒極性（有機溶媒），界面活性剤，塩濃度，圧力などさまざまである。これら化学環境の変化は，前項で述べたタンパク質を折りたたむ相互作用のいずれかを解消することで，四次構造，三次構造，さらには二次構造をほどく。二次構造は維持しているが三次構造を失った状態を**モルテン・グロビュール状態**（molten globule state）と呼び，高塩濃度かつ高水素イオン濃度で安定に導かれることもあるが，一般には一過性の構造であり，「三次構造に折りたたまれる」と「ランダムコイルにほどける」間の遷移状態と考えられている。同様に，ランダムコイルも，取り巻く環境の状態に依存し，二次構造に折りたたまれ，さらに高次の構造を獲得するか，ランダムコイルのまま会合して沈殿する。タンパク質の折りたたみと変性は日常的には不可逆の現象に見えるが，化学的には可逆過程である。凝集している個々のタンパク質間の相互作用を尿素（urea，ウレア）† を用いて阻害することで解きほぐし，限外濾過の原理で単量体タンパク質を取り出すと，再び三次構造を構築して折りたたまれることは実験的にも示されている[18]。

† ウレアについては，3章の図3.4を参照。

章　末　問　題

―この章の理解を深めるために―

問題 8-1　タンパク質の一，二，三，四次構造の定義を述べなさい。

問題 8-2　アミノ酸 17 個からなるポリペプチドが，① α-ヘリックス，② β-シート，③ ランダムコイル，である場合，それぞれの末端間の距離を推測しなさい。

問題 8-3　ペプチド結合の二面角 (φ, ψ) を規定する化学結合軸を，それぞれ挙げなさい。

問題 8-4　タンパク質が二次構造から三次構造へと折りたたまれるのは，タンパク質分子内のいかなる相互作用によるか？ また，四次構造ではどうか？

問題 8-5　あるタンパク質は二量体から八量体まで安定な会合体を形成している。このタンパク質の会合体（四次構造体）をゲル濾過クロマトグラフィーで分析したところ，4 本のピークが得られた。2 番目に保持時間の長いピークは何量体か？

問題 8-6　以下の化合物はいずれもタンパク質を変性する。それぞれタンパク質を折りたたむいかなる分子内，分子間の相互作用を阻害するか？

① 熱　　② 水素イオン濃度

③ 溶媒極性（塩濃度の増大，有機溶媒の添加など）

9章 タンパク質の働き

生命体におけるタンパク質の働きは，生命体の構造を維持する輸送，信号の伝達を行い，生命を維持する化学反応の触媒になるなど，多岐にわたるが，これらさまざまな働きを担うタンパク質は，ミオグロビンのように単量体として機能するもの，ヘモグロビンのように多量体として機能するものに大別することができる。タンパク質とタンパク質，またタンパク質と他の分子の相互作用を定量的に理解することは，生命反応の予測や薬物設計をする上で重要な要素である。

9.1 受容体と基質の解離定数の決定

受容体に結合できる基質が一つ（受容体と基質の化学量論が1対1）である場合は[†1]，受容体と基質の解離定数を以下の方法で決定できる。受容体Aと基質Bが複合体ABを形成する際の**解離定数**（dissociation constant，kd）は以下の式で定義される。

$$kd = \frac{[A][B]}{[AB]} \tag{9.1}$$

ここで[A], [B], [AB]はそれぞれの成分における平衡時の濃度を示す。しかし，成分の濃度に依存して移動する平衡時の濃度を直接求めることは難しい。そこで，成分A，Bの初濃度（混号する前の濃度）をそれぞれ$[A]_0$, $[B]_0$とすると

$$[A]_0 = [A] + [AB] \tag{9.2}$$

同様に

$$[B]_0 = [B] + [AB] \tag{9.3}$$

成分Aからなんらかの信号（紫外可視光の吸収，蛍光の発光強度，核磁気共鳴のケミカルシフト，反応の初速度など）が観測され，なおかつこの信号が**複合体**[†2]の濃度[AB]に依存して変化するとき，その信号の強度iは

$$i = i_0 + \Delta i[AB] \tag{9.4}$$

[†1] 反応の出発物質あるいは信号伝達物質など，受容体と可逆的に複合体を形成する分子，化学種を基質と呼ぶ。
また，基質を非共有結合により可逆的に捕捉する分子を受容体と呼ぶ。

[†2] 非共有結合により可逆的に生じる同種および異種分子間の会合体を複合体と呼ぶ。

ここで i_0, Δi はそれぞれ成分A単体の信号，成分Bの単位濃度変化（例えば1 mM）当りの信号変化量を意味する。i_0, Δi, kd, $[\mathrm{A}]_0$ を定数とし，i を $[\mathrm{B}]_0$ の関数として書き換えると

$$i = i_0 + \left\{\frac{\Delta i}{2}\left\{[\mathrm{A}]_0 + [\mathrm{B}]_0 + kd - \sqrt{([\mathrm{A}]_0 + [\mathrm{B}]_0 + kd)^2 - 4[\mathrm{A}]_0 \times [\mathrm{B}]_0}\right\}\right. \quad (9.5)$$

縦軸に i，横軸に $[\mathrm{B}]_0$ をとると，飽和曲線（**図9.1**）が描かれる。上記の式(9.5)を基に実験値に対して最小二乗近似曲線を描かせることで，解離定数 kd を決定することができる。

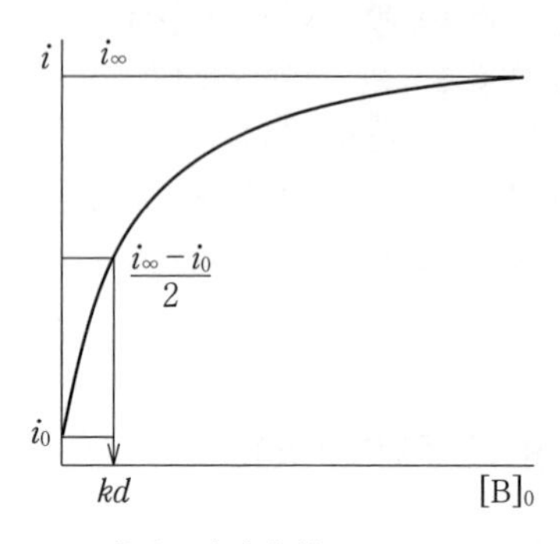

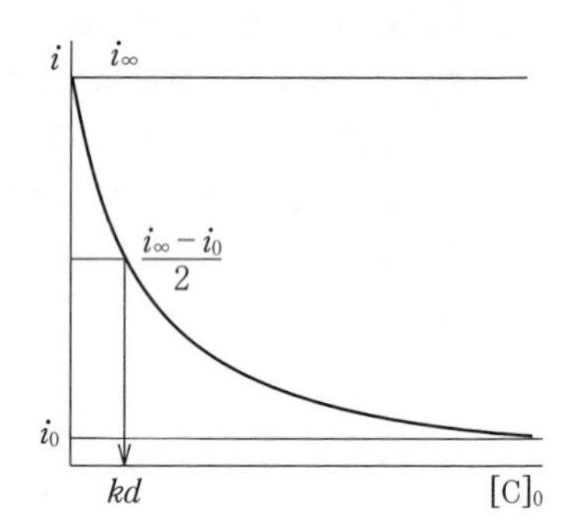

図9.1　二成分の会合曲線
二つの成分の会合に伴い一成分の発する信号が増大（左）または減少（右）するとき，作図または式(9.5)または式(9.12)により最小二乗曲線を描かせることで，解離定数が決定できる

9.2　受容体-基質に対する結合阻害

受容体Aに対して第3成分Cも複合体ACを形成するとき，ACの解離定数（阻害定数）K_D を定義する。

$$K_D = \frac{[\mathrm{A}][\mathrm{C}]}{[\mathrm{AC}]} \quad (9.6)$$

成分A，Cの初濃度（混合する前の濃度）をそれぞれ $[\mathrm{A}]_0$, $[\mathrm{C}]_0$ とすると

$$[\mathrm{A}]_0 = [\mathrm{A}] + [\mathrm{AC}] \quad (9.7)$$

$$[\mathrm{C}]_0 = [\mathrm{C}] + [\mathrm{AC}] \quad (9.8)$$

一方，成分Aと成分Bの複合体のモル分率 f は，つぎの式(9.9)で書き表される。

$$f = \frac{i - i_0}{i_\infty - i_0} \quad (9.9)$$

モル分率 f を用いると，平衡時の複合体 AB，結合していない基質 B の濃度は，それぞれ以下の式で表される。

$$[AB] = [B]_0 f \tag{9.10}$$

$$[B] = [B]_0(1 - f) \tag{9.11}$$

複合体 AB を形成する平衡と複合体 AC を形成する平衡が競合するとき，成分 B の発する信号は成分 C の濃度に依存して変化する。成分 A，B の初濃度をそれぞれ $[A]_0$，$[B]_0$ とすると，成分 C の初濃度 $[C]_0$ は以下の式に書き換えられる。

$$[C]_0 = \frac{K_D(i_\infty - i)}{kd(i - i_0) + kd} \times \left([A]_0 - kd\frac{i - i_0}{i_\infty - i_0} - [B]_0\frac{i - i_0}{i_\infty - i_0}\right) \tag{9.12}$$

縦軸に i，横軸に $[C]_0$ をとると，飽和曲線（2 次曲線）が描かれる。上記の式 (9.12) を基に実験値に対して最小二乗近似曲線を描かせることで，解離定数 K_D を決定することができる。ここで，成分 A と成分 C の解離定数 K_D が成分 A と成分 B の解離定数 kd より小さいとき，成分 C は成分 B の阻害剤として働く。言い換えると，成分 C は成分 B より強く受容体 A と結合する。またこの原理を利用すると，成分 C が成分 A との複合体形成に伴ういかなる信号の変化（吸光度，蛍光発光強度の変化など）を伴わなくても，成分 B の信号の変化と解離定数を基に，成分 C の成分 A に対する結合を定量的に評価することが可能になる。

9.3　受容体と基質，複合体形成の温度依存，熱力学定数の決定

受容体と基質など，分子が会合し複合体を形成するとき，その平衡は圧力，温度に依存して変化する。すなわち，圧力が固定されるとき，**平衡定数**（equilibrium constant，$K = 1/kd$，この平衡定数は**会合定数**（association constant）で，上述の解離定数の逆数になる）も温度に依存して変化する。一方，ギブスエネルギー変化 ΔG は温度 T と平衡定数 K から，また温度とエントロピー S，エンタルピー H によってもそれぞれ次式で記述される。

$$\Delta G = -RT\ln K, \qquad \Delta G = \Delta H - T\Delta S$$

これらから平衡定数 K をエンタルピー変化 ΔH，エントロピー変化 ΔS で記述することができ，次式が導かれる。

$$\ln K = -\frac{\Delta H}{RT} + \frac{\Delta S}{R} \tag{9.13}$$

ある温度 T における平衡定数 K をプロットすると直線が得られ（**図 9.2**），直線の傾きと y 軸切片から，それぞれ $\Delta H, \Delta S$ が決定できる[†1]。直線が右肩上がりであればエンタルピー変化 ΔH が負になり発熱反応，右肩下がりであれはエンタルピー変化 ΔH が正になり吸熱反応となる。

[†1] 式(9.13)，図9.2は，それぞれ**ファント・ホッフ式**，**ファント・ホッフプロット**（van't Hoff plot）と呼ばれており，1901年に初のノーベル化学賞を受賞した Jacobus Henricus van't Hoff（1852-1911）によって導かれた。

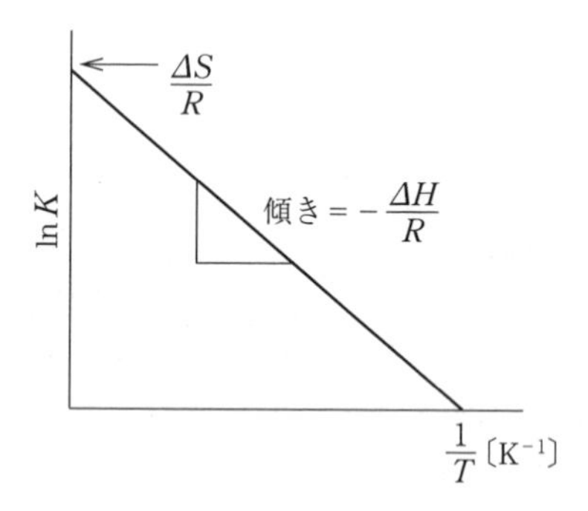

図 9.2　ファント・ホッフプロット
温度 T の逆数に平衡定数 K の対数をプロットすると直線になり，傾きからエンタルピー変化 ΔH，y 切片からエントロピー変化 ΔS が決定できる

9.4　受容体と基質の結合の化学量論

受容体Rに基質Bが複数結合し，受容体の複数の結合部位に対する基質の結合が等しく（解離定数が等しい），基質の結合がその前の結合の影響を受けず独立であるとき，受容体の初濃度（基質と混合する前の濃度）$[R]_0$，受容体に結合している基質の濃度 [B]，受容体に結合していない基質の濃度 [U] をそれぞれ計測し，$[B]/[R]_0[U]$ に対して $[B]/[R]_0$ をプロットすると右肩下がりの直線となり，その直線の切片と傾きから，基質の最大結合数（結合部位の数 N）と基質の受容体に対する解離定数 kd がそれぞれ求まる。

$$\frac{[B]}{[R]_0[U]} = \frac{1}{kd}\left(N - \frac{[B]}{[R]_0}\right) \tag{9.14}$$

式(9.14)と**図 9.3** のプロットは，それぞれ**スキャッチャード式**，**スキャッチャードプロット**（Scatchard plot）と呼ばれている[†2]。なお，受容体の複数の結合部位に対する基質の結合が独立ではなく，たがいに影響を及ぼし合う（協同する）とき，上記のプロットは直線にはならず曲線になり，上に凸の曲線は正の協同性，下に凸の曲線は負の協同性とな

[†2] 考案したアメリカの科学者 Geroge Scatchard（1892-1973）の名前に因んでいる。

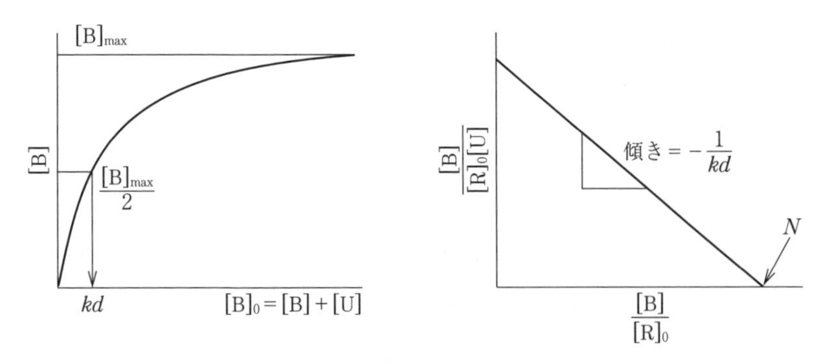

図 9.3　結合曲線（左）とスキャッチャードプロット（右）

る。協同性の定量的判定については次項でさらに述べる。

9.5　受容体に対する基質結合の協同性，協同性の判定

ヘモグロビンは，初めの酸素，つぎの酸素と酸素が結合するごとに，その結合力が増大（解離定数は減少）する。これは，肺胞中で効率よく酸素分子を結合し，血流に乗せて輸送するために獲得された機能である。このような基質結合を**正の協同的結合**（positive cooperative binding）という。逆に受容体に基質が結合するごとに結合力が減少（解離定数が増大）する場合は，**負の協同的結合**（negative cooperative binding）という。**図 9.4** にヘモグロビンの酸素結合曲線を示す。

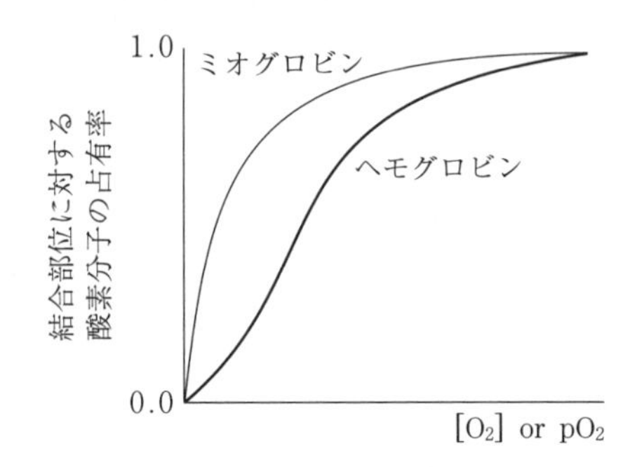

図 9.4　ミオグロビンとヘモグロビンの酸素結合曲線
酸素一分子を結合するミオグロビンが単純な飽和曲線であるのに対し，酸素四分子を協同的に結合するヘモグロビンは，シグモイド（S 字型）の飽和曲線を描く

スキャッチャード式 (9.14) を書き換えると

$$\frac{\dfrac{[\mathrm{B}]}{[\mathrm{R}]_0 N}}{1-\dfrac{[\mathrm{B}]}{[\mathrm{R}]_0 N}} = \frac{[\mathrm{U}]}{kd} \tag{9.15}$$

ここで式を見やすくするため，$[\mathrm{B}]/([\mathrm{R}]_0 N)$ を f とおくと

$$\frac{f}{1-f} = \frac{[\mathrm{U}]}{kd} \tag{9.16}$$

$[\mathrm{B}]/[\mathrm{R}]_0 N = f$ は結合部位が基質で占有されている割合になる。式(9.16) は，ミオグロビンのように酸素分子（基質）の結合が一つだけの場合，あるいは受容体が複数の結合部位をもっていても，それぞれが独立で等価な場合に適用できる。式 (9.16) の両辺の対数をとると

$$\log\frac{f}{1-f} = n\log[\mathrm{U}] - n\log kd \tag{9.17}$$

式 (9.17) は傾き n の直線になり，これを**ヒルプロット**（Hill plot，**図 9.5**），n を**ヒル定数** と呼び†，基質結合の協同性を判定する尺度になる。

† イギリスの科学者 Archbald Vivian Hill は，1922 年度のノーベル生理学・医学賞を受賞している。

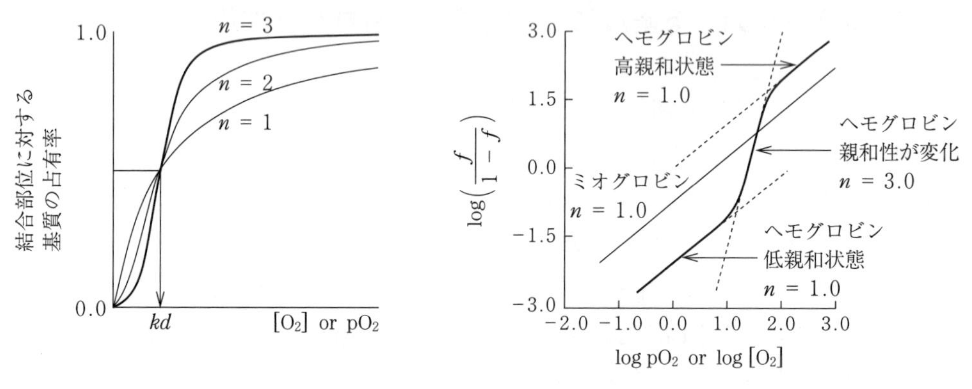

図 9.5　ヒルプロット（直線の傾きから協同性を判定するヒル定数 n を決定できる）

複数の基質の受容体に対する結合に協同性がない場合は，直線の傾き n は 1 になる。$n > 1$ で協同性ありと判定でき，n の最大値は N，すなわち受容体の結合部位の数と同じになり，$n = N$ のとき協同性も最大で，この場合はすべての結合部位に基質は同時に結合することになる（受容体の基質結合に結合する基質の数は 0 または N となる）。

実際にミオグロビン，ヘモグロビンについてヒル定数 n を求めてみると，それぞれ $n = 1$ および $n = 2.8$ となり，ミオグロビンには協同性がなく，ヘモグロビンには協同性があることが判定できる。また，ヘモグロビンのヒル定数 n は 4 ではないことから，酸素分子（基質）のヘモグロビンへの結合に依存して協同性が発揮されていることがわかる。実際にヘモグロビンの四つの酸素結合に対する解離定数を実測すると，酸素を一分子結合するごとに解離定数の低下が見られ[19]，酸素分子に対する結合能が向上していることが理解できる（**表 9.1**）。

表 9.1 ヒトヘモグロビンと酸素分子の解離定数〔mmHg〕[19]

	K_{d1}	K_{d2}	K_{d3}	K_{d4}
NaCl 非存在下	8.8	6.1	0.85	0.25
NaCl（0.1 M）存在下	42	13	12	0.14

〔出典〕 I. Tyuma, K.Imai and K.Shimizu：Biochemistry, **12**(8), pp.1491-1498（1973）

9.6 酵素活性の評価

一般に触媒の作用は，反応が進行するために越えなければならないエネルギー障壁（反応の活性化エネルギー）を減ずることにある。**酵素**（enzyme）などの**触媒**（catalyst, **Cat**）と**基質**（substrate, **S**）は，会合し複合体となることで，それぞれが単体で存在するよりもエネルギーを下げる[†1]。次いで酵素-基質複合体中の基質は, 反応の**遷移状態**（transition state, **TS**）を経由して生成物へ変換される。遷移状態は，反応原系（反応物）から生成系（生成物）に至る過程の最もエネルギーの高い状態で，反応原系と遷移状態のエネルギー差を反応の**活性化エネルギー**（activation energy）という。ここで，仮想的に遷移状態にある基質 TS が酵素と複合体を形成するときの解離定数 K_{TS}[20] を定義しておくと，酵素触媒反応の機構をより正確に説明できることがある。すなわち，K_{TS} のより小さい酵素（触媒）が，基質の遷移状態をより効果的に導き，効率のよい（性能の高い）触媒ということができる。**図 9.6** に酵素触媒反応のエネルギーダイアグラムを示す。

†1 複合体形成，あるいは分子の会合の熱力学については，2.8 節「疎水性相互作用」を参照。

単一の基質が酵素を触媒として生成物に変換される反応（キモトリプシンの例[†2]）は，以下のスキームで進行する。

$$\mathrm{Cat} + \mathrm{S} \underset{k_{-1}}{\overset{k_1}{\rightleftarrows}} \mathrm{Cat{\cdot}S} \rightarrow \mathrm{Cat{\cdot}TS} \overset{k_2}{\rightarrow} \mathrm{Cat} + \mathrm{P}$$

ここで，Cat·S は，触媒 Cat と基質 S の複合体を意味する。

†2 実際にキモトリプシンが触媒となりペプチドが切断されると，生成物は切断された二つのペプチドになるが，これら二つのペプチドの濃度はたがいに等しいため，定量的には一つの生成物と見なすことができる。

酵素・基質複合体の生成速度，分解速度，**生成物**（product, **P**）の生成速度は，それぞれの成分の濃度と速度定数から，k_1[Cat][S], k_{-1}[Cat·S], k_2[Cat·S] と記述でき，生成物 S が生じる反応速度 v は

$$v = \frac{\Delta[\mathrm{P}]}{\Delta t} = k_2[\mathrm{Cat{\cdot}S}] \qquad (9.18)$$

酵素・基質複合体 [Cat·S] を直接定量することはできないので，これを酵素・基質複合体の解離定数 $K = k_{-1}/k_1 = [\mathrm{Cat}][\mathrm{S}]/[\mathrm{S}]$，および $[\mathrm{Cat}]_0 = [\mathrm{Cat}] + [\mathrm{Cat{\cdot}S}]$ を用いて書き換えると

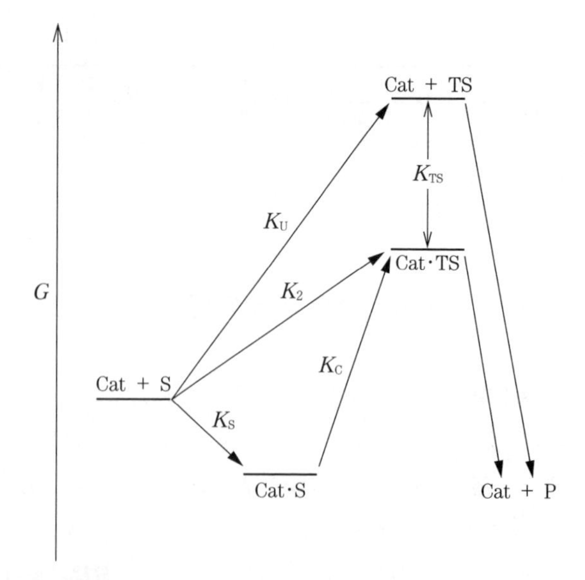

図 9.6　酵素触媒反応のエネルギーダイアグラム[20)]
遷移状態にある基質 TS と酵素 Cat の解離定数 K_{TS} を定義することで，
酵素の正味の性能を評価できる

$$[\mathrm{Cat \cdot S}] = \frac{[\mathrm{Cat}]_0[\mathrm{S}]}{K + [\mathrm{S}]} \tag{9.19}$$

式 (9.18), (9.19) から反応速度 v は

$$v = \frac{\Delta[\mathrm{P}]}{\Delta t} = k_2[\mathrm{Cat \cdot S}] = \frac{k_2[\mathrm{Cat}]_0[\mathrm{S}]}{K + [\mathrm{S}]} \tag{9.20}$$

反応系に存在するすべての酵素が基質と複合体を形成しているとき，反応速度 v は最大（$k_2[\mathrm{Cat}]_0 = V_{\max}$）になる。これを用いて式 (9.20) を書き換えると

$$v = \frac{V_{\max}[\mathrm{S}]}{K + [\mathrm{S}]} \tag{9.21}$$

実際の計測では，反応速度は初速度 $v_0 = b/a$，すなわち反応開始初期の曲線の傾き（**図 9.7**）として計測することができ，酵素を含む触媒反応では基質量が触媒量より過剰（$[\mathrm{Cat}]_0 \ll [\mathrm{S}]_0$）なので，$[\mathrm{S}] = [\mathrm{S}]_0$ と近似できる。これらを用いて，式 (9.21) を書き換えると

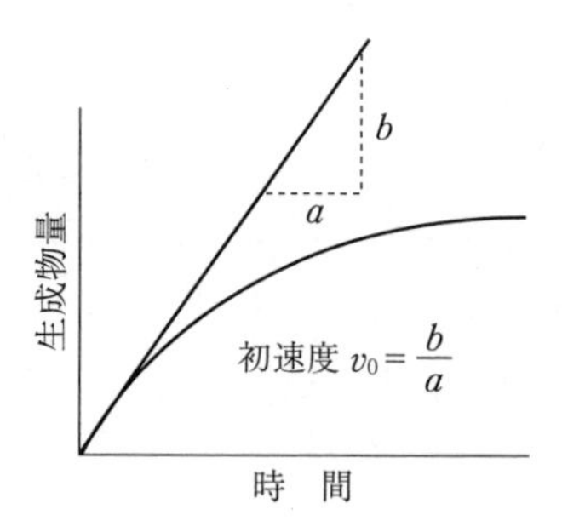

図 9.7　酵素反応の初速度

$$v_0 = \frac{V_{\max}[\mathrm{S}]_0}{K_m + [\mathrm{S}]_0} \tag{9.22}$$

この式は**ミカエリス・メンテン式**（Michaelis-Menten equation）と呼ばれる[†1]。式(9.21)のKに代え，K_{m}と置いて**ミカエリス定数**とし，これは特定の活性測定条件下での酵素と基質の解離定数にかぎりなく近い。初濃度$[\mathrm{S}]_0$に対し初速度v_0をプロットすると飽和曲線が得られ，曲線の漸近線が最大速度$V_{\max}$であり，反応速度が$V_{\max}/2$のときの基質濃度$[\mathrm{S}]_0$がミカエリス定数K_{m}になる。$V_{\max}$が大きく，K_{m}が小さいほど酵素活性は高い。さらに，$K_{\mathrm{cat}} = V_{\max}/[\mathrm{Cat}]_0 = k_2$は**触媒定数**（**ターンオーバー数**）と定義され，単位時間当りに酵素1モルが基質を生成物に変換する量になる。また，$K_{\mathrm{cat}}/K_{\mathrm{m}}$は**触媒効率**と定義され，酵素の実効速度定数になる。一方，$K_{\mathrm{TS}} = [\mathrm{Cat}][\mathrm{TS}]/[\mathrm{Cat}\cdot\mathrm{TS}] = K_{\mathrm{u}}/(K_{\mathrm{cat}}/K_{\mathrm{m}})$で定義され，初濃度$[\mathrm{S}]_0$での初速度$v_0$を計測し，$V_{\max}$, K_{m}, K_{cat}, $K_{\mathrm{cat}}/K_{\mathrm{m}}$, K_{TS}を比較することで，その酵素の活性を評価することができる[20]。

†1　酵素反応の評価方法の確立に尽力し，式(9.22)を導出したドイツの科学者Leonor Michaelis（1875-1949）とカナダの科学者Maud Leonora Menten（1879-1960）に因んでいる。

9.7　酵素阻害様式の判定

生命反応は多くの場合，酵素などの触媒により反応が加速される[†2]。**酵素阻害剤**は，酵素に結合する，あるいは補酵素[†3]を結合するなどさまざまな機構，様式で，直接的または間接的に酵素反応を調節する。

阻害剤の酵素に対する結合部位が基質のそれと同一である場合は，**競合阻害**（competitive inhibition，**図9.8**(a),(b)）となる。

$$\mathrm{Cat} + \mathrm{S} \rightarrow \mathrm{Cat}\cdot\mathrm{S} \rightarrow \mathrm{Cat} + \mathrm{P}$$

$$\mathrm{Cat} + I \rightarrow \mathrm{Cat}\cdot\mathrm{I}$$

酵素に阻害剤Iが結合しているかぎり，基質Sは酵素に結合できない。最大速度$V_{\max}$は阻害剤の存在いかんに関わらず一致するが，K_{m}が異なる。阻害剤が有効に作用している場合は，阻害剤存在下で著しいK_{m}の増大，すなわち酵素の基質に対する結合能が低下する。K_{m}値を比較することで，その阻害剤の性能を評価することができる。

一方，**非競合阻害**（non-competitive inhibition）（図(c),(d)）では，基質と阻害剤の酵素に対する結合部位が異なり，基質の酵素に対する結合に阻害剤が影響を与えないときはK_{m}が変化することはない。ただし阻害剤が酵素に結合しているかぎり生成物を生じない。阻害剤と酵素の複合体形成は，結果として酵素濃度の低下と見なせるので，最大速度$V_{\max}$が低下する。

†2　タンパク質の酵素のみならずRNAも触媒（リボ酵素，ribozyme）として働くことはすでに知られている。

†3　酵素に結合して触媒活性を達成する有機化合物を補酵素と呼ぶ。詳しくは，10章，11章，12章を参照。

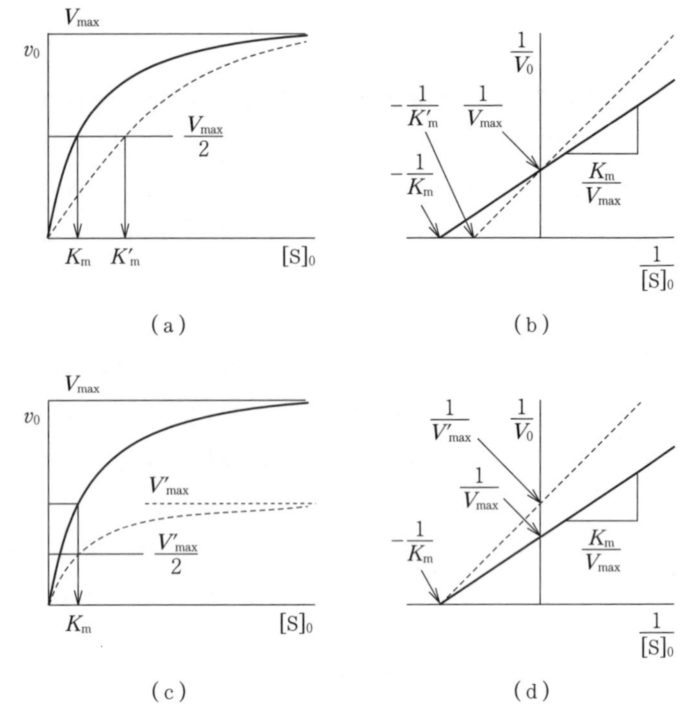

図 9.8 競合阻害 (a), (b) と非競合阻害 (c), (d)
初速度 V_0 と基質濃度 S_0 の逆数をプロットした (b), (d) は**ラインウィーバー・バークプロット**（Lineweaver-Burk plot）という[†1]。

$$\mathrm{Cat + S \rightarrow Cat{\cdot}S \rightarrow Cat + P}$$

$$\mathrm{Cat + I \rightarrow Cat{\cdot}I}$$

$$\mathrm{Cat{\cdot}I + S \rightarrow Cat{\cdot}I{\cdot}S}$$

$$\mathrm{Cat{\cdot}S + I \rightarrow Cat{\cdot}I{\cdot}S}$$

ここで，酵素・阻害剤・基質の三成分複合体 Cat・I・S は，反応不活性であり，ミカエリス定数 K_m が変化せず，最大速度 V_{max} だけが低下する。

阻害剤が酵素単体には結合せず，酵素・基質複合体にのみ結合するときは，最大速度 V_{max}，ミカエリス定数 K_m 共に変化し，この阻害を**反競合阻害**（anti-competitive inhibition）[†2]と呼ぶ。この場合も，酵素・阻害剤・基質の三成分複合体 Cat・I・S は反応不活性である。

$$\mathrm{Cat + S \rightarrow Cat{\cdot}S \rightarrow Cat + P}$$

$$\mathrm{Cat{\cdot}S + I \rightarrow Cat{\cdot}I{\cdot}S}$$

阻害剤が補酵素あるいは酵素に結合している金属イオンと結合する場合も，阻害効果が発生する。この場合，この阻害剤が基質の結合を妨げるときミカエリス定数 K_m が増大し，基質の結合は妨げないが触媒活性を示さない場合は，最大速度 V_{max} が低下することが予測される。

[†1] アメリカの科学者 Hans Lineweaver（1907-2009）と Dean Burk（1904-1988）によって 1934 年に導かれた酵素活性の評価方法である。まだパーソナルコンピュータがさほど発達していなかった時代に，直線近似により酵素活性を評価できることは重宝したであろう。
現在はミカエリス・メンテン式を直接用いて最小二乗近似曲線（図 9.8 (a), (c)）により解析できる。

[†2] 不競合阻害（uncompetitive inhibition）ともいう。

9.8 酵素の活性中心を構成するアミノ酸側鎖

キモトリプシン（chymotrypsin）はセリンプロテアーゼ（serine protease）の一種で，セリンの側鎖である水酸基が求核種として働き，ポリペプチド（タンパク質）中の芳香環を側鎖にもつアミノ酸のカルボキシ末端を切断する。セリン側鎖の水酸基は，これ単独では求核種としては働かない。セリンはアスパラギン酸，ヒスチジンとともにこの酵素の活性中心を成しており，**触媒三残基**（catalytic triad）と呼ばれている。これら三つのアミノ酸は，たがいに隣接しているが，一次構造では連続してはいない。触媒となるタンパク質が三次構造を形成した結果として，たがいに隣接し，活性中心を構成している。ペプチド結合の切断を例に触媒三角形の作用機序を見ていこう。はじめにプロトンを解離したアスパラギン酸 102 の側鎖であるカルボキシレートは，ヒスチジン 57 からプロトンを受け取り，ヒスチジン 57 はセリン 195 の側鎖の水酸基からプロトンを奪う（**図 9.9**①）。そしてプロトンの解離したセリン 195 の側鎖が求核剤として働く。セリン 195 が基質であるフェニルアラニンのカルボキシレートと遷移状態の正四面体構造を形成すると（図②），切断されたアミノ末端が脱離する。切断されたカルボキシ末端に水が結合し遷移状態の正四面体構造を形成すると（図③）切断されたカルボキシ末端が脱離する。するとアスパラギン酸 102 からヒスチジン 57 へ，ヒスチジン 57 からセリン 102 へとプロトンがリレーされ，触媒キモトリプシンが復活する（図④）。この触媒三残基は，加水分解酵素，転移酵素など多くの酵素で見つかっており，構造と機能に相関をもつタンパク質のスーパーファミリーである[21]。

9.9 酵素の pH 依存

キモトリプシンの活性中心を構成するアスパラギン酸，ヒスチジン，セリンの側鎖は，その酸解離定数 pKa はそれぞれ 3.90，6.04，9.21 で，中性（pH = 7.0）付近では，それぞれカルボキシレート，遊離塩基のイミダゾール，ヒドロキシ（未解離）の状態で存在する。pH が 6.04 を下回ると，ヒスチジンの側鎖イミダゾールは，これにプロトンが結合し正イオンとしてイミダゾリウムイオンとなるため，塩基としては働かない。また pH が 9.21 を上回ると，セリンのヒドロキシ基からプロトン

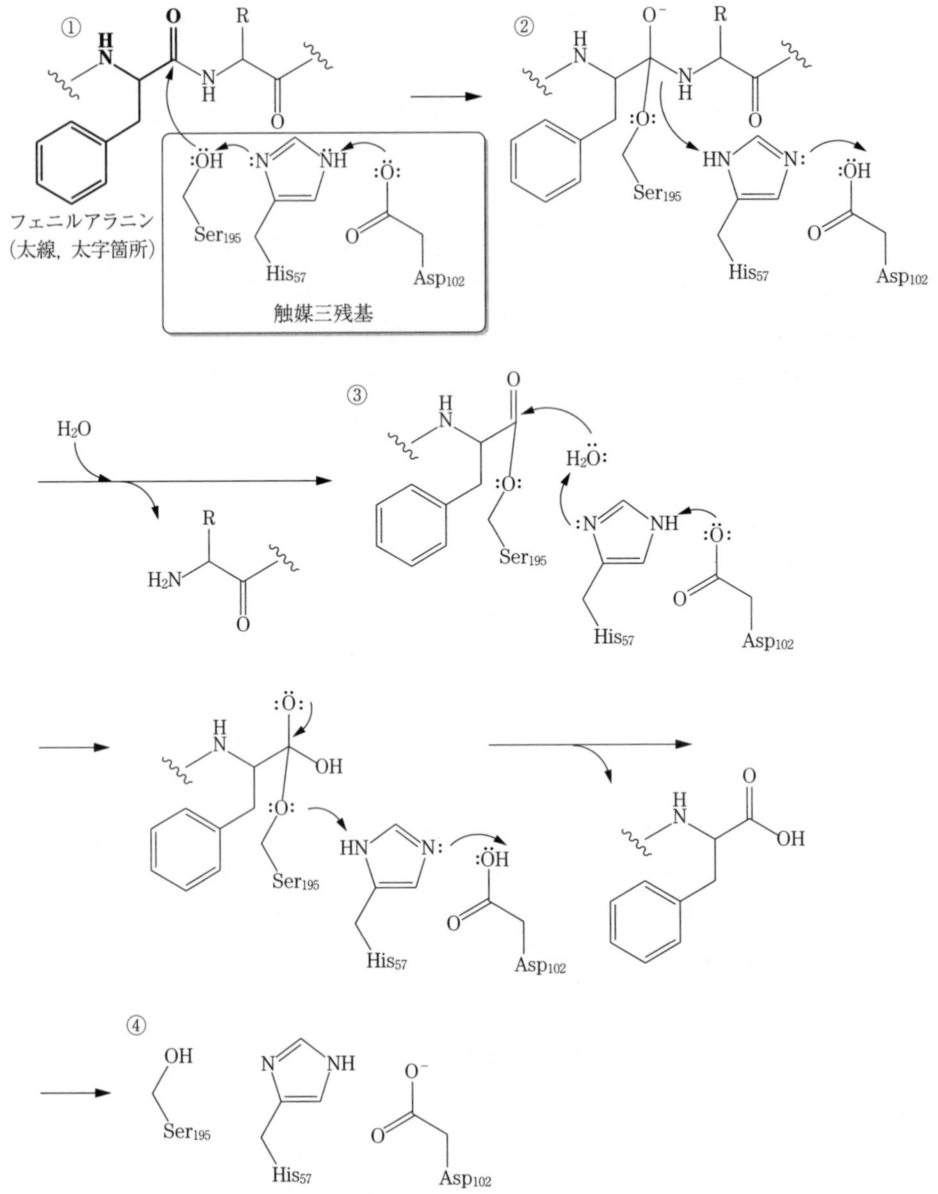

図 9.9　キモトリプシンにおける触媒三残基とペプチド加水分解の反応機構
この酵素の直接の活性中心はセリン 195 だが，アスパラギン酸 102，ヒスチジン 57 と連動して作用し，セリン 195 を活性化している

が解離し負のイオンとなる。酸性，アルカリ性いずれも，キモトリプシンの触媒三残基の連携を崩し，活性を損なう。

酵素の活性種がEHであるとき酸性領域ではEH_2^+，アルカリ性領域ではE^-であり，それぞれの化学種間で水素イオンの濃度に依存した平衡が存在する。このとき，酵素活性は活性種EH^+の存在比に依存することになり，これが酵素に至適pHが存在する所以（ゆえん）である（**図9.10**）。

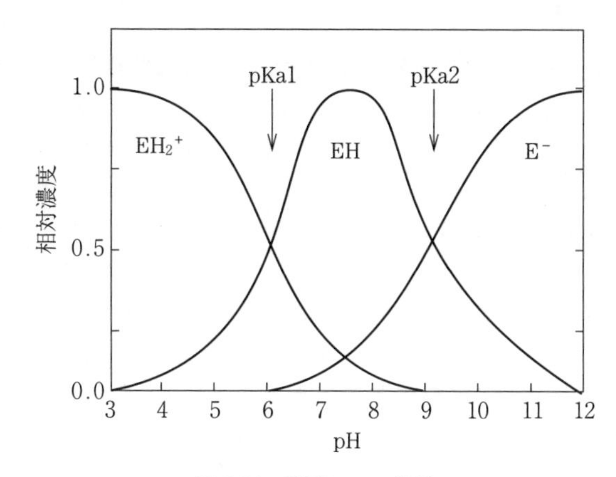

図9.10　酵素のpH依存

章　末　問　題

—この章の理解を深めるために—

問題9-1　受容体Rは基質Sと化学量論1：1で複合体を形成するが，複合体RSの形成に伴う信号の変化が望めないとき，受容体Rと基質Sの解離定数を決定する実験法を提案しなさい。

問題9-2　阻害剤Iは受容体Rと基質Sの複合体形成を阻害する。この阻害様式（競合阻害，非競合阻害など）を判定する実験方法を提案しなさい。

問題9-3　受容体Rが基質Sと複合体を形成する。その化学量論を決定するためには，いかなる実験をしたらよいか？

問題9-4　ミオグロビンとヘモグロビンは共に酸素分子を結合するが，いかなる相違があるか？ また，それらの相違は，それぞれの果たす役割にいかなる効果をもたらしているか？

問題9-5　遷移状態にある基質と酵素の解離定数k_{TS}を比較することは，酵素活性を評価するのに都合がよいが，これを直接計測することはできない。実質的には，なにを計測すればk_{TS}を決定できるか？

問題9-6　酵素阻害剤を設計するにあたり，いかなる要素が必要になるか？
①競合阻害剤，②非競合阻害剤，それぞれについて述べなさい。

問題9-7　高水素イオン濃度（$pH < 3.9$），あるいは低水素イオン濃度（$pH > 9.3$）は，キモトリプシンの酵素活性にいかなる効果をもたらすか？

10章 生命活動を可能にするエネルギーの獲得

生命体はその活動に必要なエネルギーを自身で生産し，また貯蔵している。この生命活動の過程は**代謝**（metabolism）と呼ばれる。さらに代謝は，食物として摂取した高分子を分解する**異化**（catabolism）と，生命体内で分子を紡いで高分子を生産する**同化**（anabolism）に分類することができる。直接エネルギー生産に関わっている分子はアデノシン三リン酸（ATP）で，ATP 1モルがアデノシン二リン酸（ADP）に分解される過程で，31 kJを放出する（**図10.1**）。ヒトは眠っていても1日に40 kgのATPを消費しており，激しく運動しているときのATPの消費量は，1分間に0.5 kgの消費にも上る。このような運動によるエネルギー消費のみならず，能動輸送[†1]，信号伝達，生合成過程でも，ATPは消費される。生命体は代謝過程でATPを獲得することでエネルギーを供給している。

[†1] 6.4節「能動輸送の駆動力」を参照。

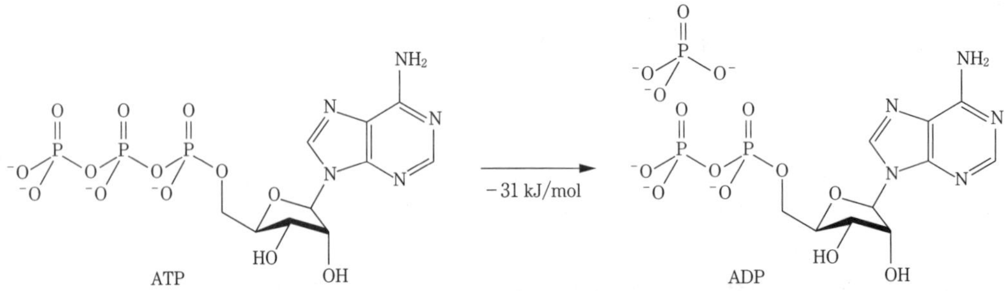

ATP　→（−31 kJ/mol）→　ADP

図10.1　ATPの加水分解により31 kJ/molのエネルギーが放出される

10.1　解糖によるATPの獲得

解糖（glycolysis）は**グルコース**（glucose）から**ピルビン酸**（pyruvate）に至るまでの過程を指し，酸素非存在下（嫌気）でも進行し，より原始的な代謝経路である。解糖過程で2モルのATPが消費される一方で4モルのATPが生産されるため，1モルのグルコースの解糖で正味2モルのATPが生産されることになる。

グルコースには閉環構造と開環構造が存在する[†2]。解糖は開環構造のグルコースがリン酸化されることから始まる。初めは6′末端に次いで

[†2] 1.4節「糖質，アミロース，セルロース」を参照。

異性化の後，1′ 末端がリン酸化される。このフルクトース-1, 6-ビスリン酸（fluctose-1, 6-bisphosphate）が，ジヒドロキシアセトンリン酸（dihydroxyacetonephosphate）と D-グリセルアルデヒド-3-リン酸（D-glyceraldehyde-3-phosphate）に断裂する。ジヒドロキシアセトンリン酸はさらに還元されてグリセロール-3-リン酸（glycerol-3-phosphate）となり，余剰に摂取された糖質はグリセロール-3-リン酸を出発物質の一つとして脂質に変換（同化）され蓄積される（**図 10.2**）。

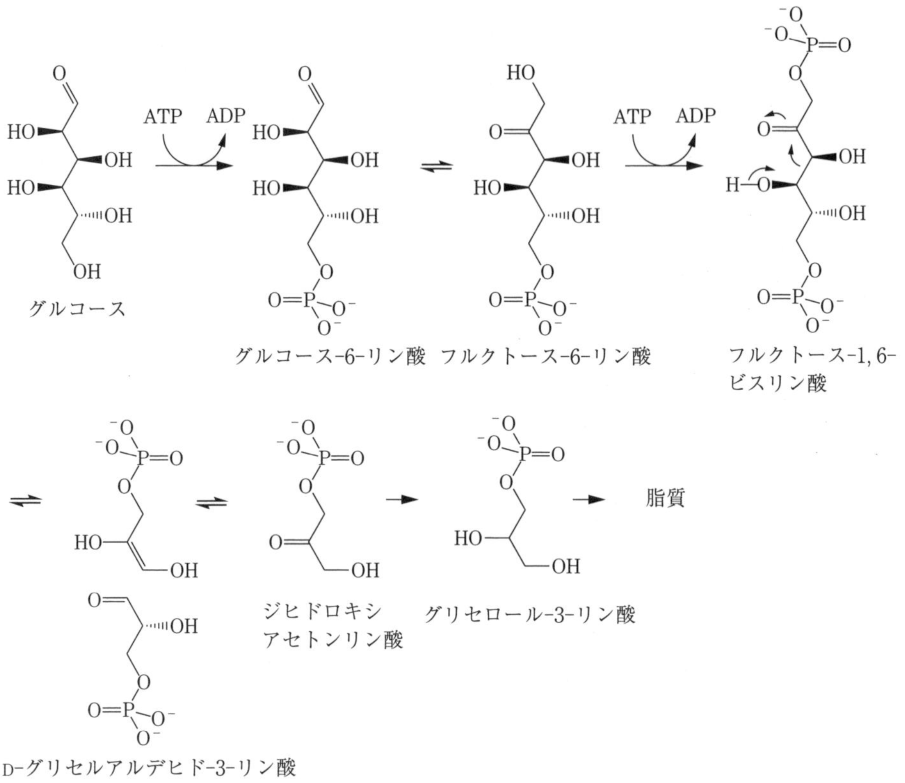

グルコース　グルコース-6-リン酸　フルクトース-6-リン酸　フルクトース-1, 6-ビスリン酸

D-グリセルアルデヒド-3-リン酸　ジヒドロキシアセトンリン酸　グリセロール-3-リン酸　脂質

図 10.2　解糖　グルコースの異化反応
グリセロール三リン酸まで異化されたのちは，この形では体内には貯蔵できないので，脂質に変換（同化）される

D-グリセルアルデヒド-3-リン酸はニコチンアミドアデニンジヌクレオチド（NAD^+ から NADH へ†）の還元反応を伴ってさらにリン酸化され，1, 3-ビスホスホグリセリン酸（1, 3-bisphosphoglycerate）が導かれる。これからリン酸が ADP に渡され ATP が復活する。グルコース 1 モルから合計 4 モルの ATP が合成されるが，グルコースのリン酸化が 2 回行われているので，差し引き 2 モルの ATP 生産になる（**図 10.3**）。

† NAD^+ は酸化型，NADH は還元型で，この化合物がとり得る二つの状態。

ジヒドロキシアセトンリン酸と D-グリセルアルデヒド-3-リン酸は，

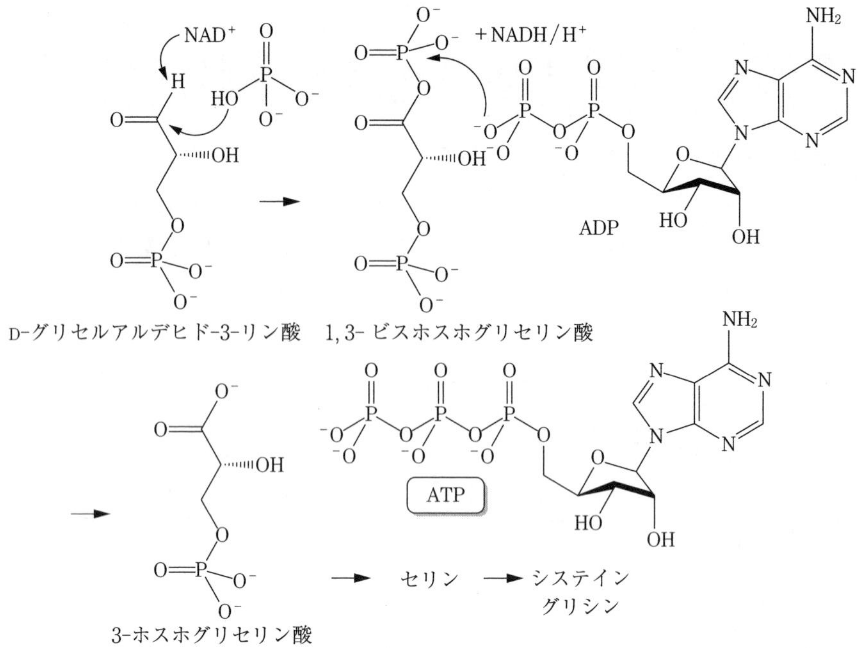

D-グリセルアルデヒド-3-リン酸　1,3-ビスホスホグリセリン酸

ADP　$+NADH/H^+$

3-ホスホグリセリン酸

ATP

→ セリン → システイン
グリシン

図 10.3　解糖（つづき）アミノ酸前駆と ATP の復活　その 1

トリオースリン酸イソメラーゼ（triose phosphate isomerase）が触媒となり双方向に異性化されている。トリオースリン酸イソメラーゼの活性中心にあるリジン 13 がジヒドロキシアセトンリン酸を静電相互作用で捉え，グルタミン酸 165 が α 位のプロトンを奪うと同時にヒスチジン 95 からプロトンが供与され，カルボニル基が還元されてアルコールに，グルタミン酸 165 に奪われたプロトンは 2 位の炭素に戻され，1 位の水酸基からヒスチジン 95 にプロトンが戻されて D-グリセルアルデヒド-3-リン酸への異性化が完了する（**図 10.4**）。

一方で，生成した 3-ホスホグリセリン酸は 3 位のリン酸の移動による 2-ホスホグリセリン酸，これの脱水で生じるホスホエノールピルビン酸（phosphoenolpyruvate）を経て，リン酸を再び ADP に受け渡すことで ATP を生産しつつピルビン酸が導かれる（**図 10.5**）。3-ホスホグリセリン酸（3-phophoglyserate）からはセリン，システイン，グリシンが，ピルビン酸からはアラニン，バリン，ロイシンが導かれる。ピルビン酸は NADH からプロトンを受け取り（NADH から NAD^+ へ），乳酸に導かれる。また，補酵素 A をアセチル補酵素 A（acetyl-CoA）に導く。アセチル補酵素 A はビオチンなど他の分子の合成に携わっている。

これまで何度か言及されている**ニコチンアミドアデニンジヌクレオチド**（nicotinamide adenine dinucleotide, NAD^+）は，補酵素の一つで，酸

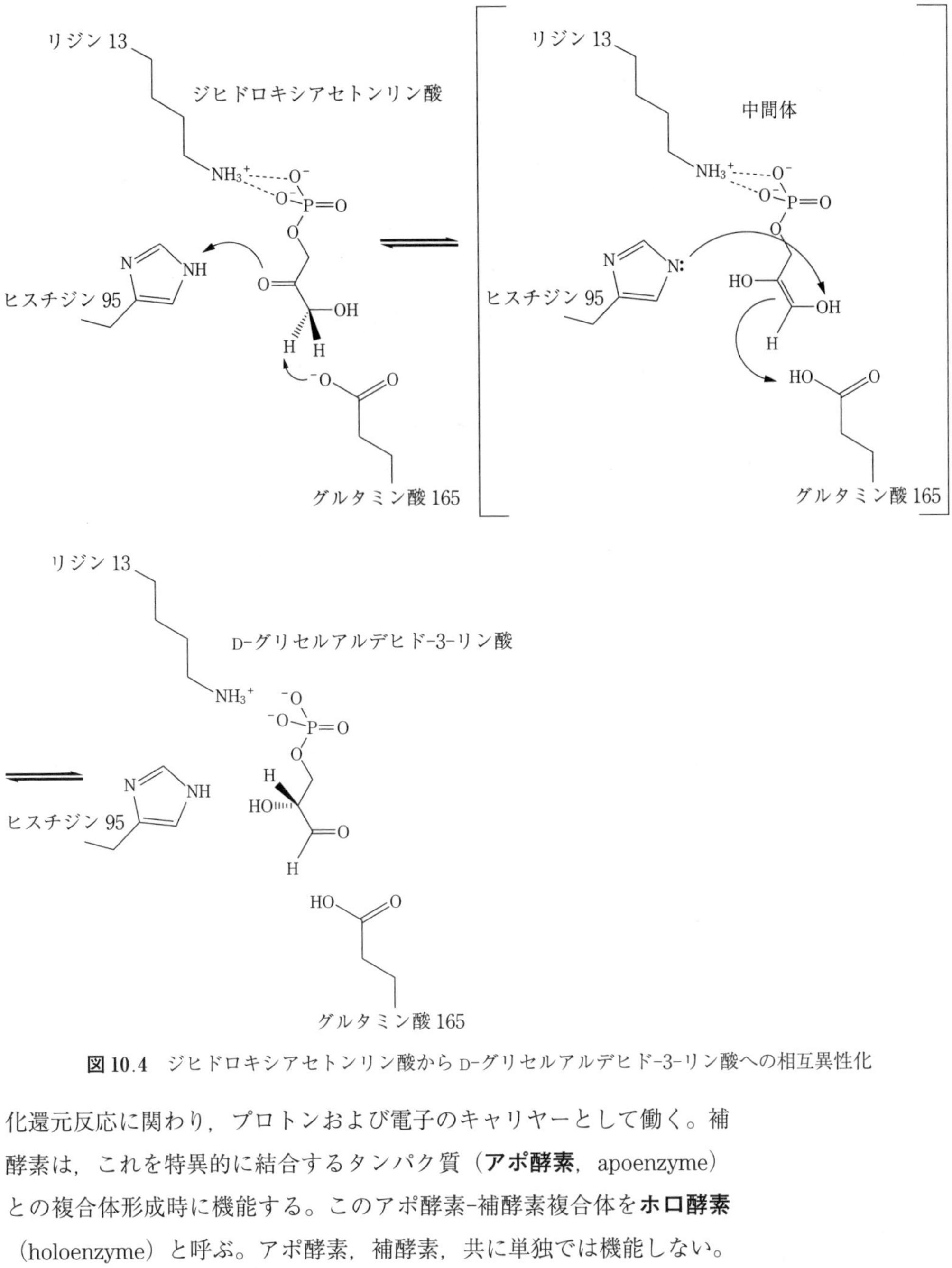

図 10.4　ジヒドロキシアセトンリン酸から D-グリセルアルデヒド-3-リン酸への相互異性化

化還元反応に関わり，プロトンおよび電子のキャリヤーとして働く。補酵素は，これを特異的に結合するタンパク質（**アポ酵素**，apoenzyme）との複合体形成時に機能する。このアポ酵素-補酵素複合体を**ホロ酵素**（holoenzyme）と呼ぶ。アポ酵素，補酵素，共に単独では機能しない。アデノシン三リン酸（ATP）とアデノシン二リン酸（ADP）も共に補酵素として働いており，それぞれリン酸の供与体，受容体を担っている。NAD^+と同様，酸化還元反応に関わる**フラビンアデニンジヌクレトチド**（flavin-adenine dinucleotide，**FAD**），アシル基転移反応に関わる**コエンザイム A**（coenzyme A，**CoA**），メチル基転移反応に関わる *S*-**アデノ**

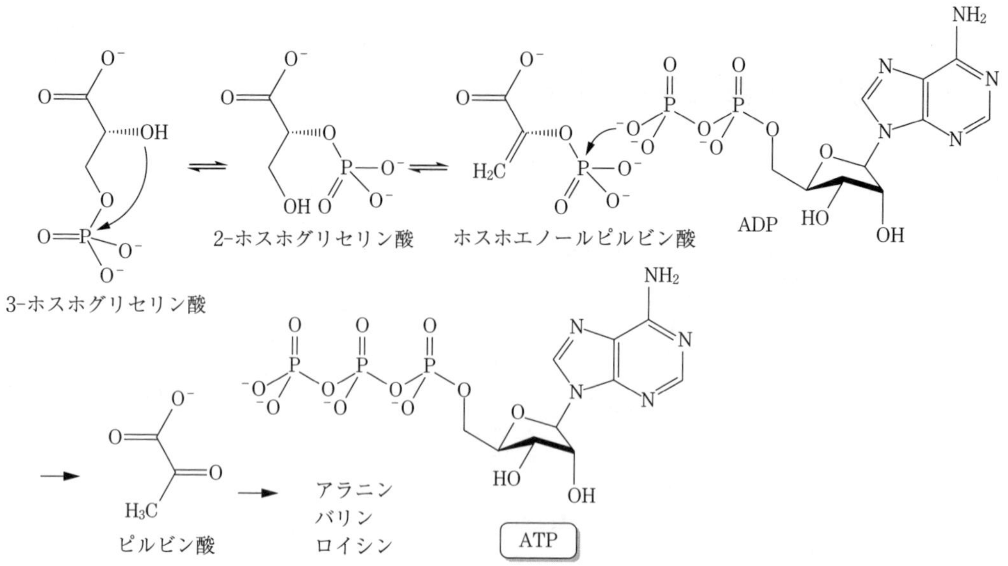

3-ホスホグリセリン酸　2-ホスホグリセリン酸　ホスホエノールピルビン酸　ADP

ピルビン酸　アラニン　バリン　ロイシン　ATP

図 10.5　解糖（つづき）ピルビン酸，アミノ酸前駆と ATP の復活　その 2

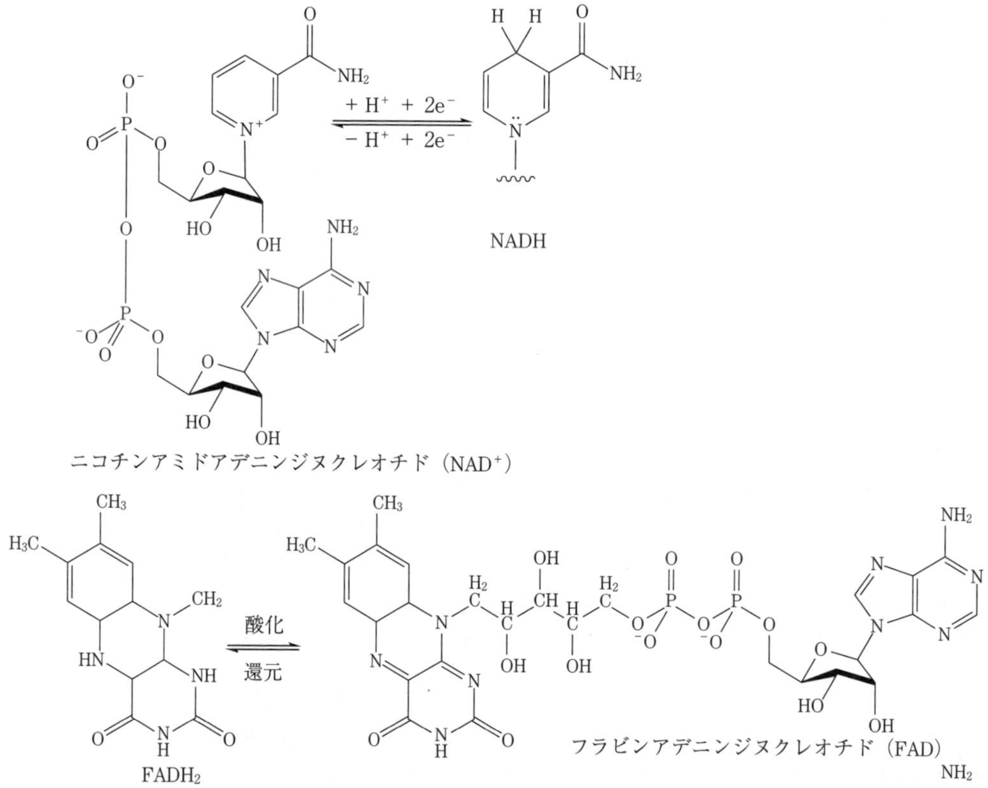

$+ H^+ + 2e^-$　$- H^+ + 2e^-$

NADH

ニコチンアミドアデニンジヌクレオチド（NAD^+）

酸化　還元

$FADH_2$　フラビンアデニンジヌクレオチド（FAD）

図 10.6　代謝過程に関わる補酵素，NAD^+，FAD，CoA

ニコチンアミドアデニンジヌクレオチド（NAD^+）は，その還元型 NDADH とともにプロトンおよび電子の授受を担い，酸化還元反応を進行する。フラビンアデニンジヌクレオチド（FAD）は，還元型 $FADH_2$ とともにプロトンおよび電子の授受を担い，酸化還元反応を進行する。コエンザイム A は，アセチル基のキャリヤーとして働く

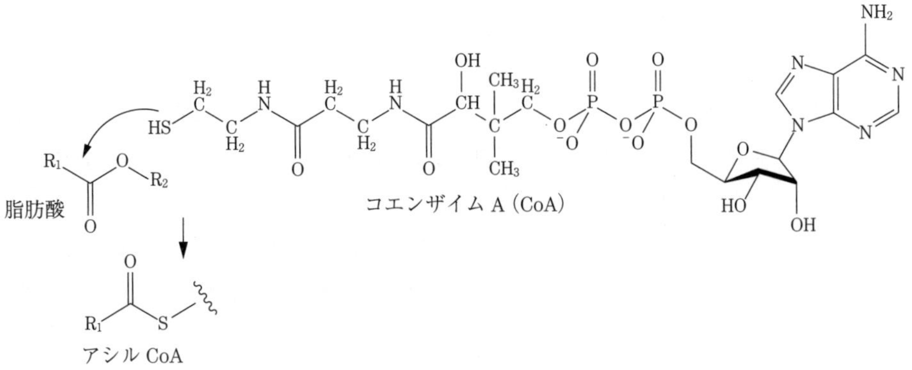

NH_2

OH　O　O　N　N

H_2　H　H_2　H　CH_3 H_2

HS　C　N　C　N　CH　C　C　O　P　O　P　O　N　N

H_2　H_2　^-O　^-O

R_1　O　R_2　O　O　CH_3　O

脂肪酸　O　コエンザイム A (CoA)　HO　OH

O

R_1　S

アシル CoA

図 10.6 代謝過程に関わる補酵素，NAD^+，FAD，CoA（つづき）

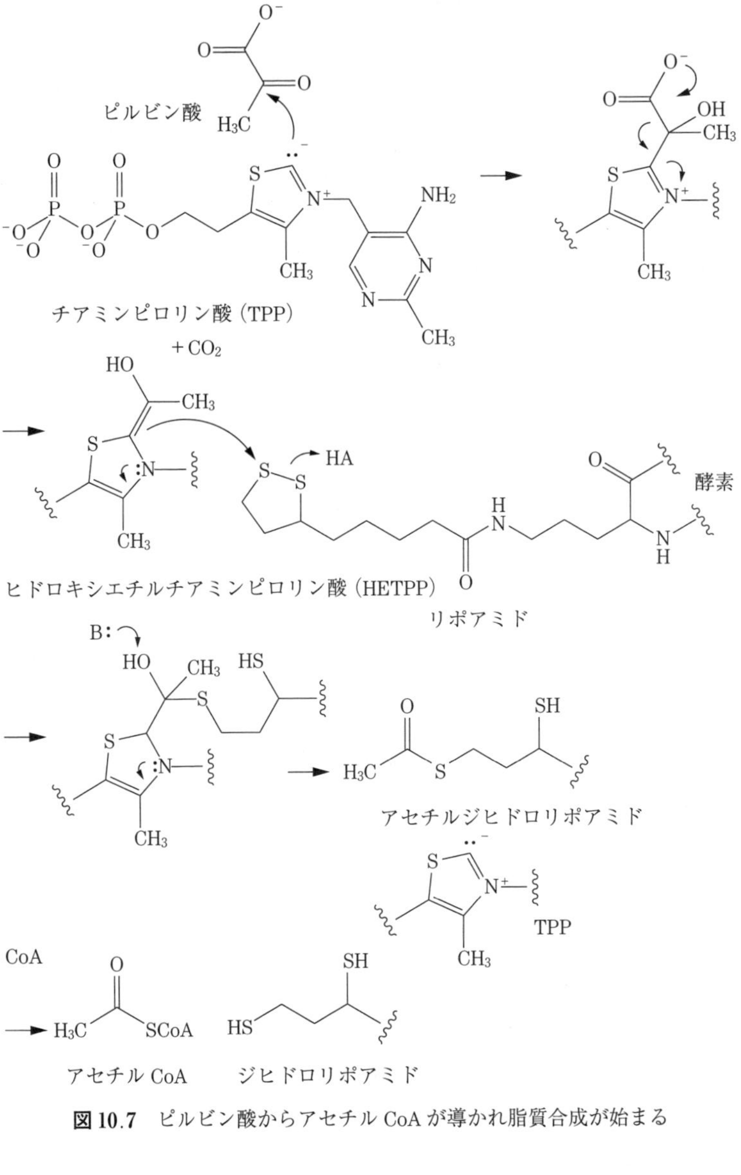

O^-

O　O

ピルビン酸　H_3C

O　O　S　N^+　NH_2

^-O　P　O　P　O

^-O　^-O　CH_3　N

N

チアミンピロリン酸 (TPP)　CH_3

$+CO_2$

O^-

O　OH

CH_3

S　N^+

CH_3

HO

CH_3

S　N　S　HA

S　O　酵素

H

N

CH_3　N

O　H

ヒドロキシエチルチアミンピロリン酸 (HETPP)

リポアミド

B:

HO　CH_3　HS

S

S　N　O　SH

H_3C　S

CH_3

アセチルジヒドロリポアミド

S

N^+

TPP

CoA　O　SH　CH_3

H_3C　SCoA　HS

アセチル CoA　ジヒドロリポアミド

図 10.7 ピルビン酸からアセチル CoA が導かれ脂質合成が始まる

シルメチオニン（*S*-adenosylmethionine，**SAM**）など，アデノシン単位は多くの補酵素に見られる（**図 10.6**）。

ピルビン酸は，三つのアミノ酸合成の出発物質となる一方で，さらに補酵素である**チアミンピロリン酸**（thiamine pyrophosphate，**TPP**）に付加して脱炭酸の後，リポアミドへの付加体を経て，コエンザイムA（CoA）へのアシル移動により**アセチル CoA** が導かれる（**図 10.7**）。このアセチル CoA は二炭素ずつ脂肪酸が伸長する際のビルディングブロックとなる。

10.2　脂質の代謝によるエネルギーの獲得

動物の場合，脂質はトリアシルグリセロールの形で脂肪細胞の細胞質基質に貯蔵される。脂質の 1 g が完全に酸化分解されると 37.7 kJ/g のエネルギーを生産するのに対し，炭水化物およびタンパク質は 16.7 kJ/g である。これは脂質が炭水化物，タンパク質に比べてより還元された構造を有していることに加え，脂質が疎水性であるためほぼ水和されないのに対し，水との親和性が高い炭水化物，タンパク質は多くの結晶水を含むことにも起因している。実際，グリコーゲン 1 g は水 2 g と水和している。脂質の代謝過程は，トリアシルグリセロールをグリセロールと脂肪酸に加水分解する反応から始まる。グリセロールはモノリン酸化を経て，ジヒドロキシアセトンリン酸，さらに異性化されグリセルアルデヒド-3-リン酸へと導かれる（**図 10.8**）。これは解糖，糖新生，両方の中間体である。

脂肪酸は α 炭素と β 炭素の間で切断され，炭素二つ分ずつ開裂していく。この反応は **β 酸化**（β-oxidization）と呼ばれており，ミトコンドリア内で進行する。脂肪酸は ATP との反応で酸無水物を形成すると，これがコエンザイム A とチオエステルを形成して**アシル CoA**（acyl CoA）となる。これがカルニチン（carnitine）へアシル移動して両性イオンのアシルカルニチン（acyl carnitine）となり，ミトコンドリア内へ輸送される（**図 10.9**）。

ミトコンドリア内で再びアシル移動によりアシル CoA が形成される。ここでフラビンアデニンジヌクレオチド（FAD）が酸化剤となり，アシル CoA の α-β 炭素から水素が一つずつ引き抜かれてトランス α-β 不飽和カルボン酸であるエノイル CoA（enoyl CoA）となり，これが水和により L-3-ヒドロキシアシル CoA（L-3-hydroxyacyl CoA）となる。これ

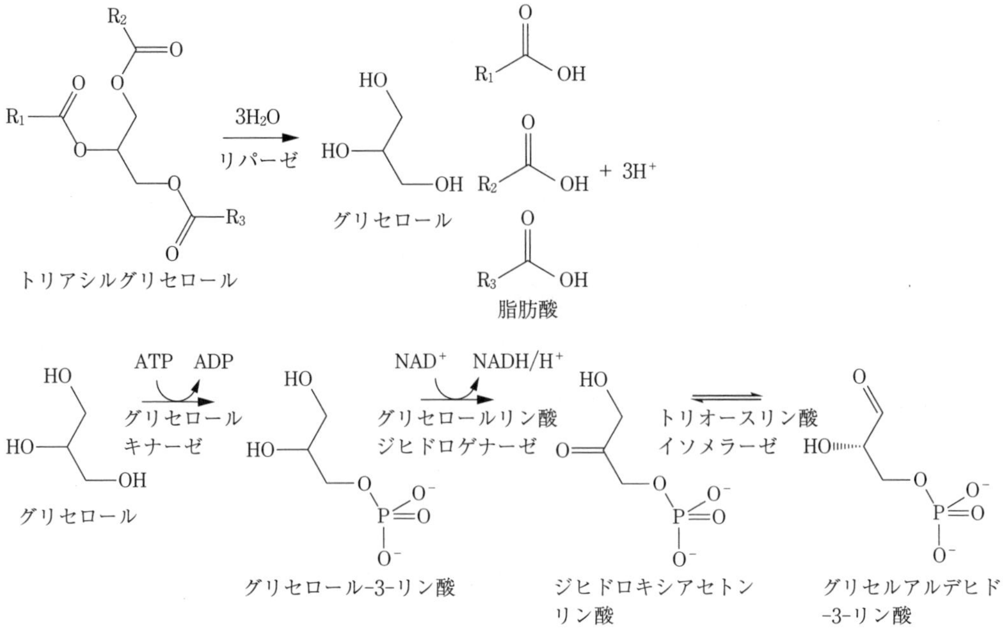

R_2 O O R_1 O O O O R_3 O

トリアシルグリセロール

$3H_2O$
リパーゼ

HO HO OH
グリセロール

O R_1 OH
O R_2 OH $+ 3H^+$
O R_3 OH
脂肪酸

HO HO OH
グリセロール

ATP　ADP
グリセロール
キナーゼ

HO HO O O^- P O O^-
グリセロール-3-リン酸

NAD^+　$NADH/H^+$
グリセロールリン酸
ジヒドロゲナーゼ

HO O O O^- P O O^-
ジヒドロキシアセトンリン酸

トリオースリン酸
イソメラーゼ

O HO O O^- P O O^-
グリセルアルデヒド-3-リン酸

図 10.8　トリアシルグリセロールの加水分解とグリセロールのリン酸化

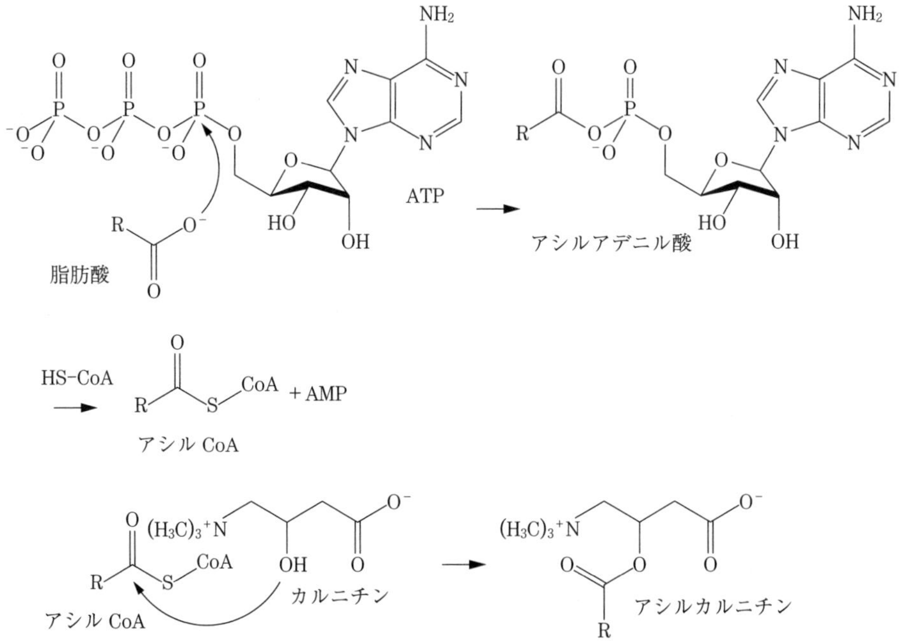

NH_2
O O O
^-O P O P O P O
^-O ^-O ^-O
N N N N
O
HO OH
ATP

R O O^-
O
脂肪酸

→

NH_2
O O
R O P O
^-O
N N N N
O
HO OH
アシルアデニル酸

HS-CoA
→
O
R S CoA　+AMP
アシル CoA

O $(H_3C)_3{}^+N$ O^-
R S CoA　OH　O
アシル CoA　カルニチン

→

$(H_3C)_3{}^+N$ O^-
O O O
R
アシルカルニチン

図 10.9　脂肪酸は AMP との酸無水物を経てアシルカルニチン（両性イオン）となり，ミトコンドリア内へ移動する

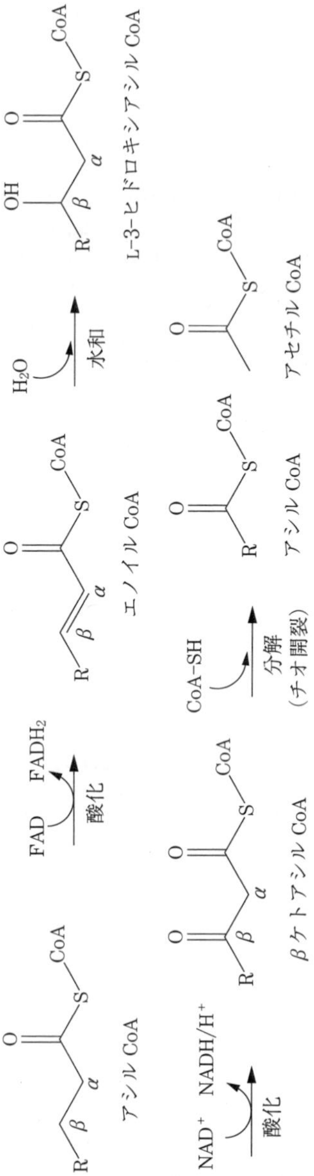

アシル CoA　→（FAD → $FADH_2$，酸化）→　エノイル CoA　→（H_2O，水和）→　L-3-ヒドロキシアシル CoA

→（NAD^+ → NADH/H^+，酸化）→　βケトアシル CoA　→（CoA-SH，分解（チオ開裂））→　アシル CoA　＋　アセチル CoA

図 10.10　アシル CoA から β 酸化による脂肪酸の異化（アシル CoA の β 位が酸化され 2 炭素分少ないアシル CoA へと導かれる）

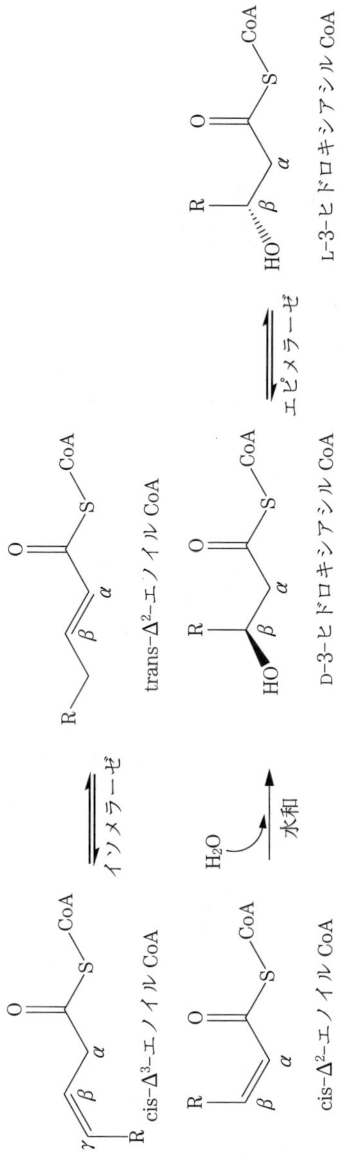

cis-Δ^3-エノイル CoA　⇄（イソメラーゼ）　trans-Δ^2-エノイル CoA

cis-Δ^2-エノイル CoA　→（H_2O，水和）→　D-3-ヒドロキシアシル CoA　⇄（エピメラーゼ）　L-3-ヒドロキシアシル CoA

図 10.11　不飽和脂肪酸の異化反応で追加される二つの異性化反応

に NAD^+ による酸化が施され，β ケトアシル CoA（β-ketoacyl CoA）を経て，炭素二つ分短縮されたアシル CoA とアセチル CoA に分割される（**図 10.10**）。これら一連の脂肪酸酸化分解反応は，アシル CoA がアセチル CoA に分割されるまでつづく。

16 の炭素からなるパルミチン酸 1 モルの完全な β 酸化では，8 モルのアセチル CoA，7 モルの $FADH_2$ と NADH が生じる。アセチル CoA 1 モルがクエン酸回路に組み込まれることで 12 モルの ATP を生じ，NADH，$FADH_2$ 各 1 モルからは，それぞれ 3 モル，2 モルの ATP を生じる。パルミチン酸 1 モルからは 131 モルの ATP が生じるが，この初期の過程，脂肪酸からアシル CoA を導く反応で，脂肪酸 1 モル当り 2 当量の ATP が消費されているので，差し引き 129 モルの ATP が生産され，4.0 MJ/mol のエネルギーになる。

不飽和脂肪酸の場合も，上記の飽和脂肪酸と同様に 2 炭素ずつ分解されるが，追加される経路が二つある。一つは二重結合が β-γ 炭素間に差し掛かったときで，この場合は二重結合が α-β 炭素間に移動する異性化反応がイソメラーゼ触媒の下で進行する（**図 10.11** 上）。もう一つは，α-β 炭素間にシス型の二重結合が差し掛かったときである。ここに水和反応が施されると，D-3-ヒドロキシアシル CoA（D-3-hydoroxyacyl CoA）が生成するが，これは L-3-ヒドロキシアシル CoA（L-3-hydoroxyacyl CoA）デヒドロゲナーゼに基質として認識されないので，エピメラーゼ（epimerase）によって水酸基が反転する（図 10.11 下）。

章末問題

—この章の理解を深めるために—

問題 10-1　グルコースの解糖によりピルビン酸が導かれる過程では**問表 10.1** に記載の酵素が関わっている。基質と生成物を特定し，補酵素が関わる場合はそれを含め，それぞれの反応機構を示しなさい。

問表 10.1

基質	生成物	酵素	EC
		Hexokinase	2.7.1.1
		Glucose-6-phosphate isomerase	5.3.1.9
		Phosphofluctokinase-1	2.7.1.11
		Fluoctose1, 6-bisphosphate aldolase	4.1.2.13
		Triose phosphate isomerase	5.3.1.1
		Glycelaldehyde-3-phosphate dehydrogenase	1.2.1.12
		Phosphoglycerate kinase	2.7.2.3
		Phosphoglycerate mutase	5.4.2.1
		Phosphopyruvate hydratase	4.2.1.11
		Pyruvate kinase	2.7.1.40

〔注〕 EC 番号（enzyme commission number）はその酵素が関わる反応による分類番号で，国際生化学分子生物学連合会酵素委員会（International Union of Biochemistry and Molecular Biology）が定めている。データベース，データバンクを利用する際に活用されたい。

問題 10-2　脂質の異化反応では二炭素ずつ切り出されていく理由を化学的に説明しなさい。

11章 生命活動を維持するエネルギーの蓄積

生命体の活動に必要なエネルギーを与えるATPをこの形のままで貯蔵することはできない。エネルギー供給が必要な場面でATPを合成して供給している。生命体はATPの生産源となるグルコースを貯蔵可能な糖ポリマーのグリコーゲンとして貯蔵する。また植物にはグルコースをデンプンとして貯蔵するものがある。摂取された糖質は代謝されてピルビン酸が導かれる。このままの形では貯蔵できないグルコースを，ピルビン酸からCoAを経由して脂質に変換し，脂質分子をその集合体である脂肪として貯蔵している。

11.1　グリコーゲンの合成

余剰なグルコースは**グリコーゲン**（glycogen）として肝臓に貯蔵されるが，グリコーゲンの合成はその分解反応の逆反応にはなっておらず，反応が異なる。グリコーゲンが分解される場合は，分解産物としてグルコース-1-リン酸を生じる。グリコーゲンへの伸長反応ではグルコース

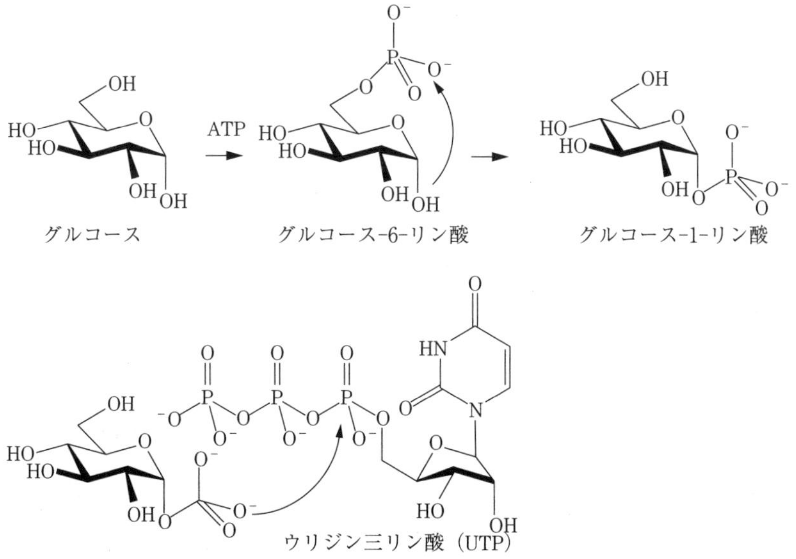

図11.1　グリコーゲン伸長のための活性エステルとして働くウリジン二リン酸グルコース（UDP-グルコース）

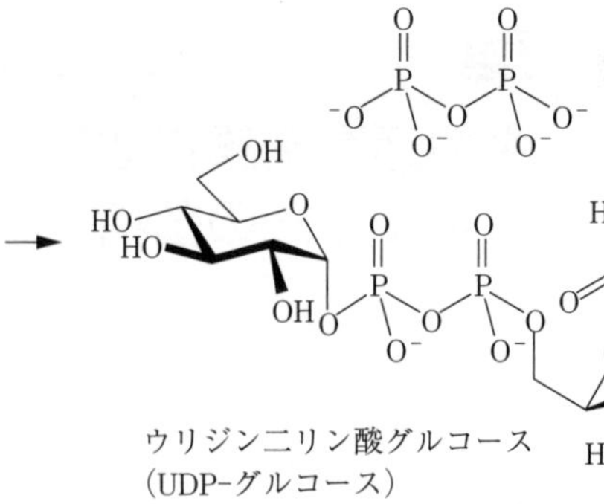

図 11.1　グリコーゲン伸長のための活性エステルとして働くウリジン二リン酸グルコース（UDP-グルコース）（つづき）

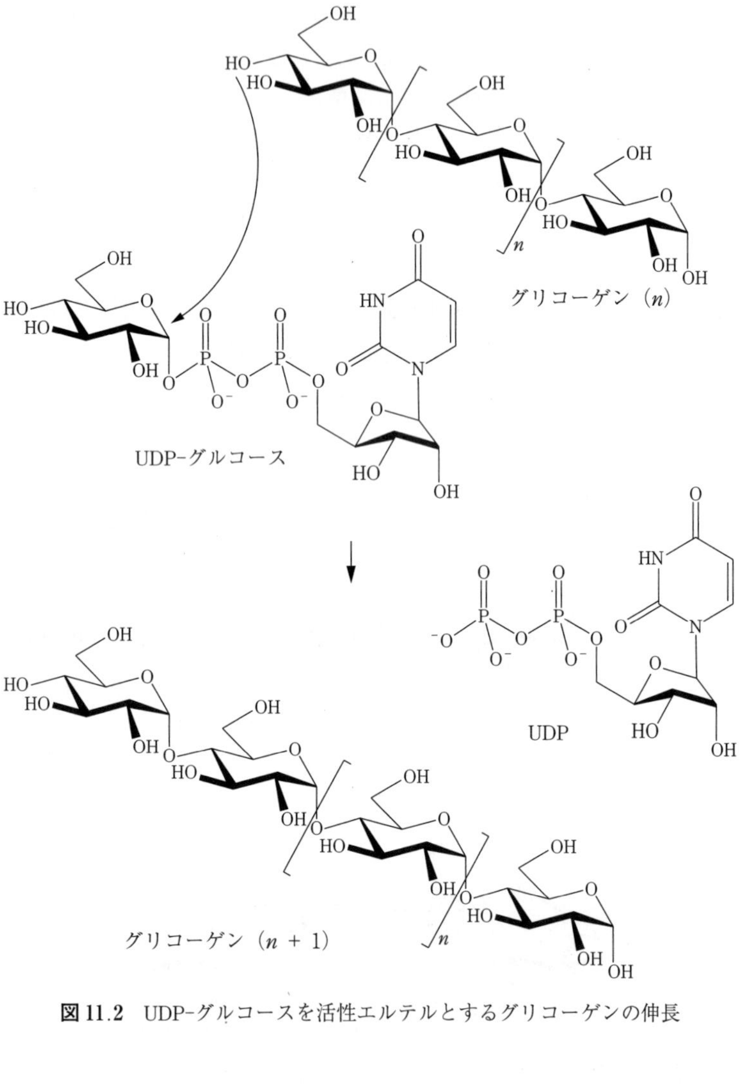

図 11.2　UDP-グルコースを活性エルテルとするグリコーゲンの伸長

の6位水酸基がATPによりリン酸化され，次いでリン酸が1位へ転移したグルコース-1-リン酸とウリジン三リン酸（UTP）からウリジン二リン酸グルコース（UDP-glucose）へ導かれ（**図11.1**），これが活性エステルとして働きグリコシル化反応が進行する。

UDP-グルコースにグリコーゲン（n）の末端4位の水酸基が求核置換しグリコーゲン（$n+1$）へ伸長する（**図11.2**）。

11.2 脂肪酸の合成

炭水化物の解糖，脂質のβ酸化，共にアセチルCoAが導かれる[†]。余剰な炭水化物，脂質が摂取されると，アセチルCoAを出発物質として脂質が合成され，蓄積される。動物は炭水化物を脂質に変化させることはできるが，この逆，脂質を炭水化物に変換することはできない。ピルビン酸からアセチルCoAが得られる反応は不可逆である。また脂質の合成経路は，その分解反応，異化反応の逆反応にはなっていない。同化経路と異化経路を独立に構築することで，不都合な「反応の逆流」を回避するよう生命体が発達したと考えられる。

† 10章「生命活動を可能にするエネルギーの獲得」を参照。

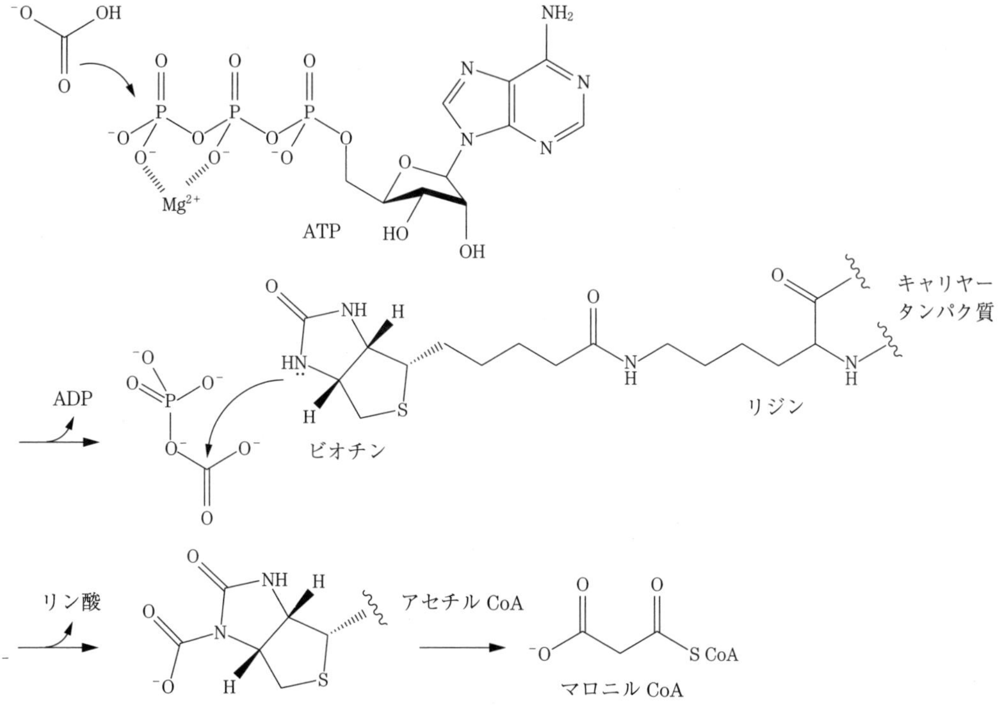

図11.3　アセチルCoAからマロニルCoAへ

脂質合成の初めの反応では，アセチル CoA に炭酸が結合し**マロニル CoA**（malonyl CoA）導かれるが，この反応には**ビオチン**（biotine）が補酵素として関わる。ビオチンは酵素のリジンキャリヤータンパク質のリジン側鎖にアミド結合しており，ビオチンカルボキシラーゼ（biotine carboxylase）が触媒となり，炭酸水素イオンが ATP の提供するリン酸で酸無水物に導かれ，ビオチンエノラート（biotine enolate）の求核反応で *N*-カルボキシビオチン（*N*-carboxy biotine）が生成する。ここから炭酸単位がアセチル CoA に転移し，マロニル CoA が導かれる（**図 11.3**）。

アセチル CoA，マロニル CoA，共に AMP 部分が**アシルキャリヤータンパク質**（acyl carrier protein，**ACP**）に置き換わるが，実質は ACP に対するアシル移動反応である（**図 11.4**）。

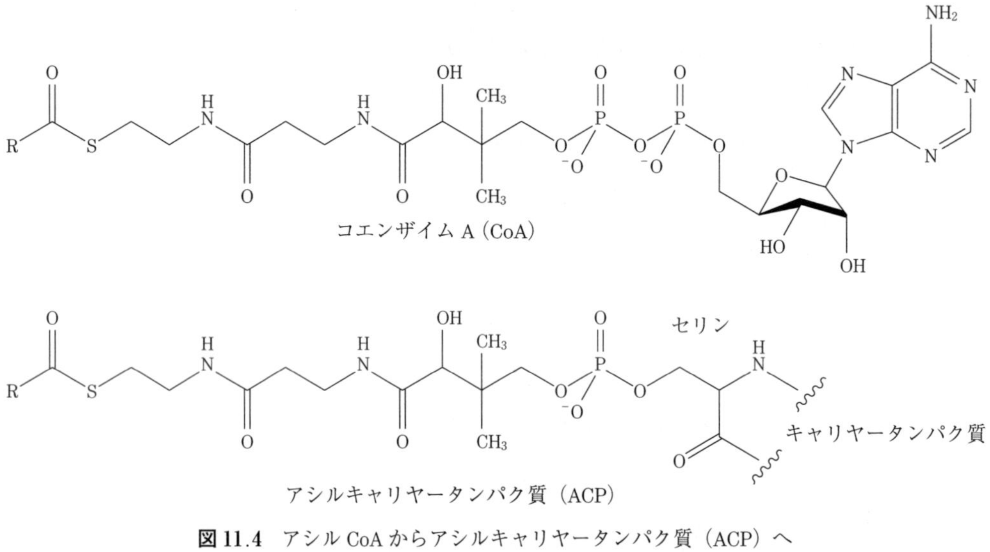

コエンザイム A（CoA）

セリン

キャリヤータンパク質

アシルキャリヤータンパク質（ACP）

図 11.4　アシル CoA からアシルキャリヤータンパク質（ACP）へ

アセチル ACP，マロニル ACP から縮合と脱炭酸によりアセトアセチル ACP（acetoacetyl ACP）が導かれ，これが NADPH† により還元されて D-3-ヒドロキシブチル ACP（D-3-hydoroxybutyl ACP）が生成する。これから脱水が起こり *trans*-クロトニル ACP（*trans*-Crotonyl ACP）となり，これが NADPH により再び還元されるとブチリル ACP（butyryl ACP）が導かれる（**図 11.5**）。これら一連の二炭素ずつ炭素が伸長する反応を繰り返し，パルミトイル ACP（palmitoyl ACP），16 炭素まで伸長する。

† NADPH は NADH 中のアデノシンの 2 位水酸基がリン酸化されたものである。

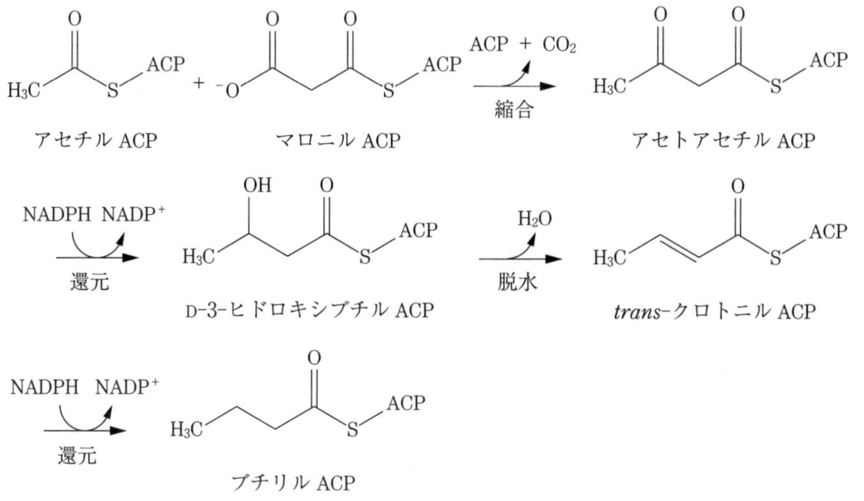

H_3C S ACP + ^{-}O S ACP　$ACP + CO_2$　縮合　H_3C S ACP

アセチル ACP　マロニル ACP　アセトアセチル ACP

NADPH NADP$^+$　還元　OH O　H_3C S ACP　H_2O　脱水　H_3C S ACP

D-3-ヒドロキシブチル ACP　*trans*-クロトニル ACP

NADPH NADP$^+$　還元　H_3C S ACP

ブチリル ACP

図 11.5　アセチル ACP を出発物質とする脂肪酸の伸長

11.3　細胞膜を構成する脂質の合成

解糖の過程で得られるグルセロール-3-リン酸と，脂肪酸合成で得られるアシル CoA が出発物質となり，細胞膜を構成する脂質が合成される。最も単純な脂質は，グリセロールのすべての水酸基がアシル化されたトリアシルグリセロール（**図 11.6**）で，動物の体内脂肪組織として

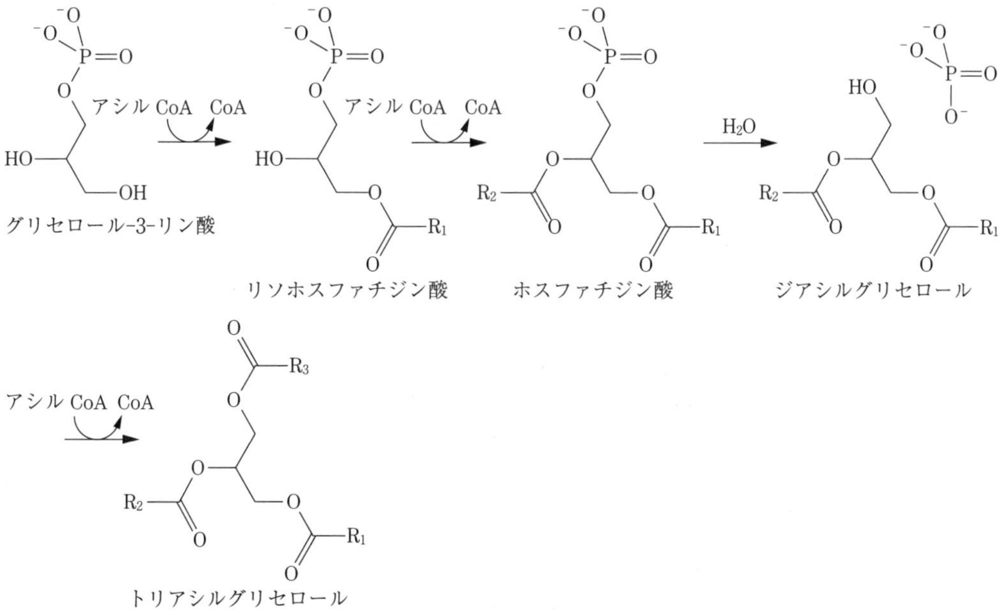

アシル CoA　CoA　アシル CoA　CoA　H_2O

^{-}O P=O　HO OH　R_1 R_2

グリセロール-3-リン酸　リソホスファチジン酸　ホスファチジン酸　ジアシルグリセロール

アシル CoA　CoA　R_1 R_2 R_3

トリアシルグリセロール

図 11.6　解糖産物および脂肪酸の代謝産物から合成されるトリアシルグリセロール（中性脂肪として体内に蓄積される）

† 植物も種子，果肉に油脂として蓄える。

蓄えられる中性脂肪である†。

細胞膜脂質となる**ホスファチジルセリン**（phosphatidyl serine），**ホスファチジルコリン**（phosphatidyl choline）は，さらに多段階の反応で合成される。ホスファチジン酸（phosphatidate）とシチジン三リン酸（cytidinetriphosphate, CTP）からシチジン二リン酸ジアシルグリセロール（cytidine diphosphodiacylglycerol，CDP-diacylglycerol）が導かれ，ここからシチジン一リン酸（cytidinemonophosphate，CMP）を脱離基とする求核置換反応によりセリンが導入され，ホスファチジルセリン（**図 11.7**）となる。

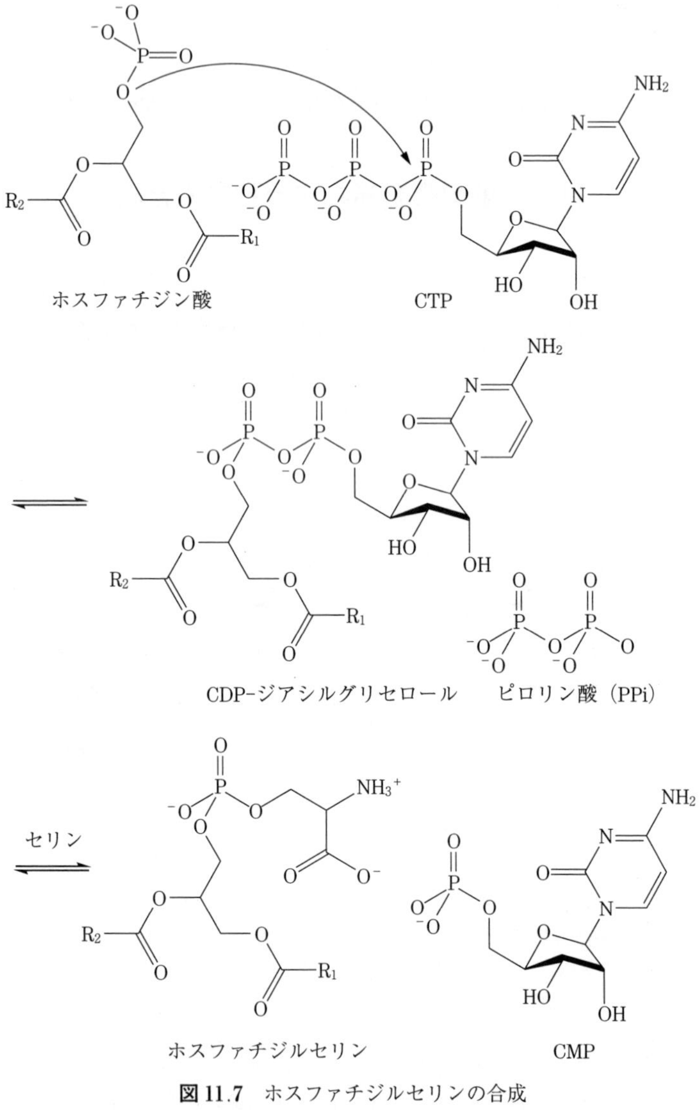

ホスファチジン酸　CTP

CDP-ジアシルグリセロール　ピロリン酸（PPi）

セリン

ホスファチジルセリン　CMP

図 11.7　ホスファチジルセリンの合成

さらに，ホスファチジルセリンから脱炭酸によりホスファチジルエタノールアミン（phosphatidyl ethanolamine）が導かれ，このアミンがメチル化されることでホスファチジルコリンが導かれる。哺乳類では，ホスファチジルコリンに別の合成経路がある。コリンを出発物質としATPによるリン酸化から始まる。これがCTPと縮合しCDP–コリンを生じる。これがジアシルグリセロール（diacylglycerol）に求核置換し，ホスファチジルコリン（**図11.8**）が合成される。

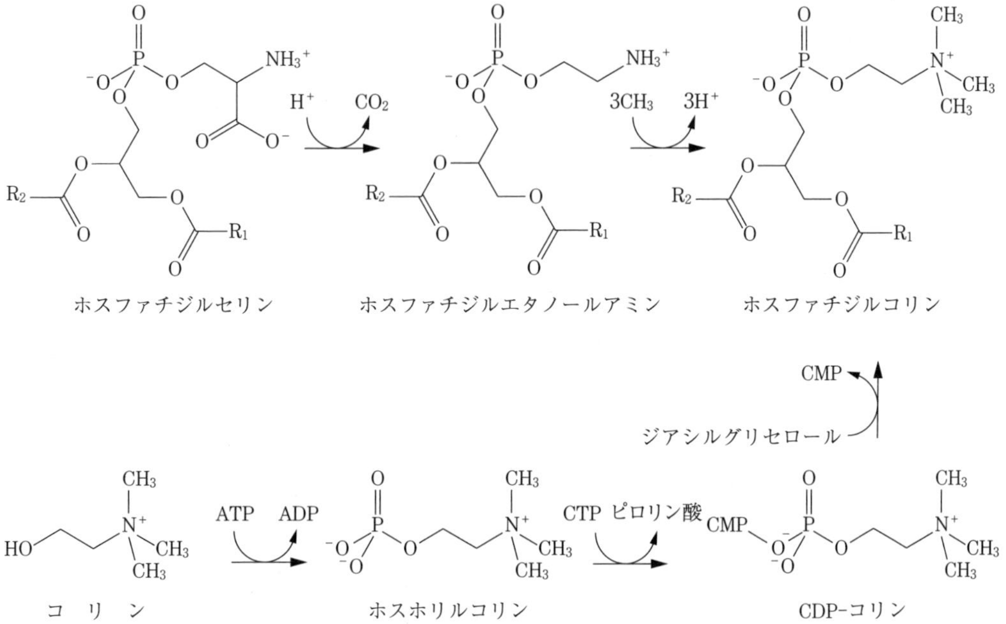

ホスファチジルセリン　→(H^+, CO_2)→　ホスファチジルエタノールアミン　→($3CH_3$, $3H^+$)→　ホスファチジルコリン

コリン　→(ATP, ADP)→　ホスホリルコリン　→(CTP, ピロリン酸)→　CDP–コリン　→(ジアシルグリセロール, CMP)→　ホスファチジルコリン

図11.8　ホスファチジルコリンの合成　二つの合成経路

アセチルCoAとアセトアセチルCoAから3–ヒドロキシ–3–メチルグルタリルCoA（3–hydroxy–3–methylglutaryl CoA）が生成し，コレステロールの出発物質になる。3–ヒドロキシ–3–メチルグルタリルCoAは，ミトコンドリアに取り込まれるとアセチルCoAとアセトアセチルCoAに分解されるが，細胞質中ではCoAが放たれてメバロン酸（mebaronate）が生じ，コレステロール合成が進行する。メバロン酸が2回リン酸化され（5–ピロホスホメバロン酸，5–pyrophosphomevalonate），脱炭酸を経てイソペンテニルピロリン酸（isopentenyl pyrophosphate）に，これが異性化しジメチルアリルピロリン酸（dimethylallyl pyrophosphate）が導かれる。これら二つの異性体がたがいに結合し，ゲラニルピロリン酸（geranyl pyrophosphate）が生成する。さらにイソペンテニルピロリン酸が結合し，ファルネシルピロリン酸（farnesyl pyrophosphate）が

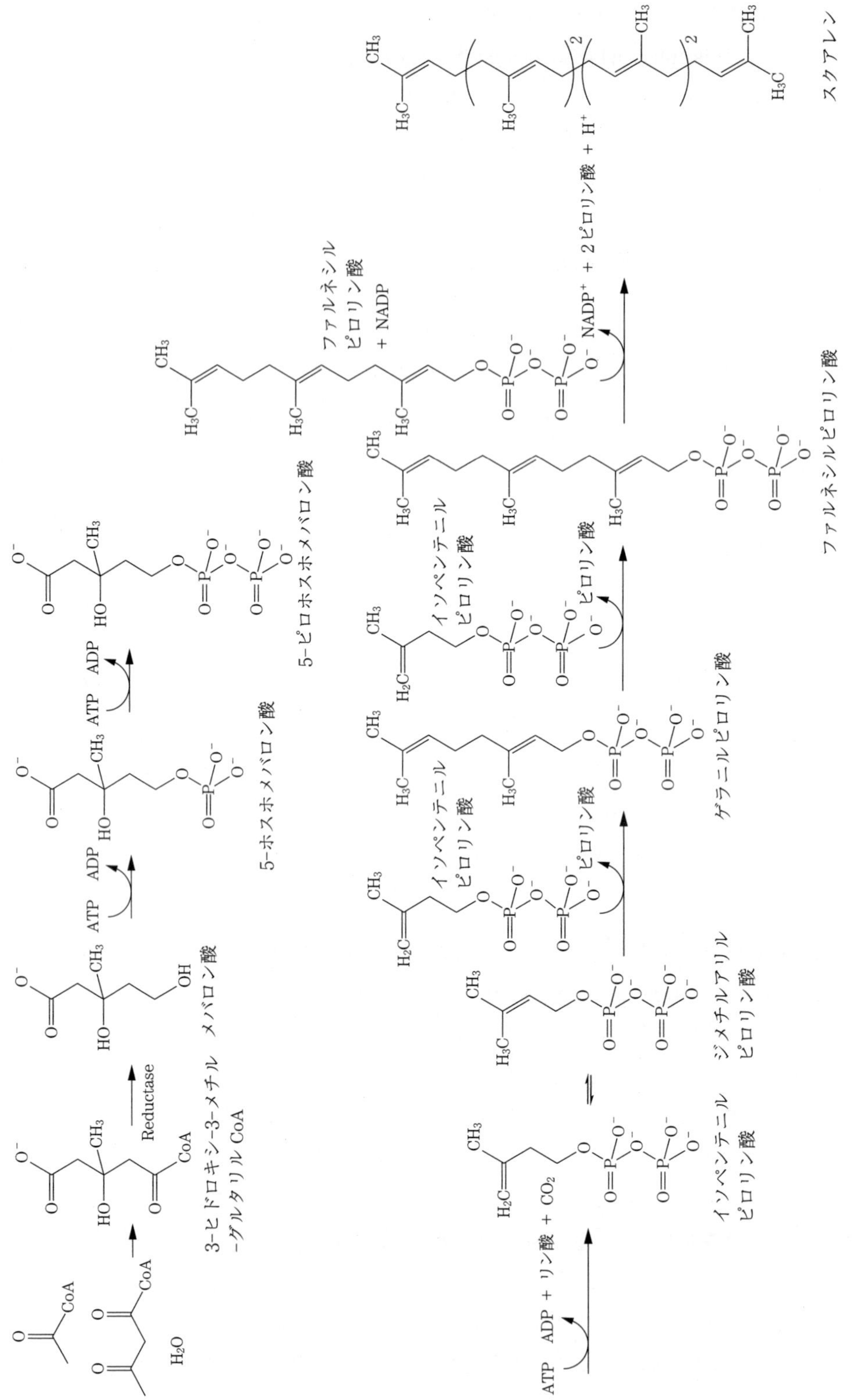

H_2O

3-ヒドロキシ-3-メチル-グルタリル CoA

Reductase

メバロン酸

ATP　ADP

5-ホスホメバロン酸

ATP　ADP

5-ピロホスホメバロン酸

ATP　ADP + リン酸 + CO_2

イソペンテニルピロリン酸

ジメチルアリルピロリン酸

イソペンテニルピロリン酸

ピロリン酸

ゲラニルピロリン酸

イソペンテニルピロリン酸

ピロリン酸

ファルネシルピロリン酸

ファルネシルピロリン酸 + NADP

$NADP^+$ + 2ピロリン酸 + H^+

スクアレン

図 11.9　コレステロールの素となるスクアレンの合成

導かれる。二つのファルネシルピロリン酸が結合し，スクアレン（squalene）が合成される（**図 11.9**）。

スクアレンが環化し，ラノステロール（lanosterol）を経てコレステロールが導かれる（**図 11.10**）。

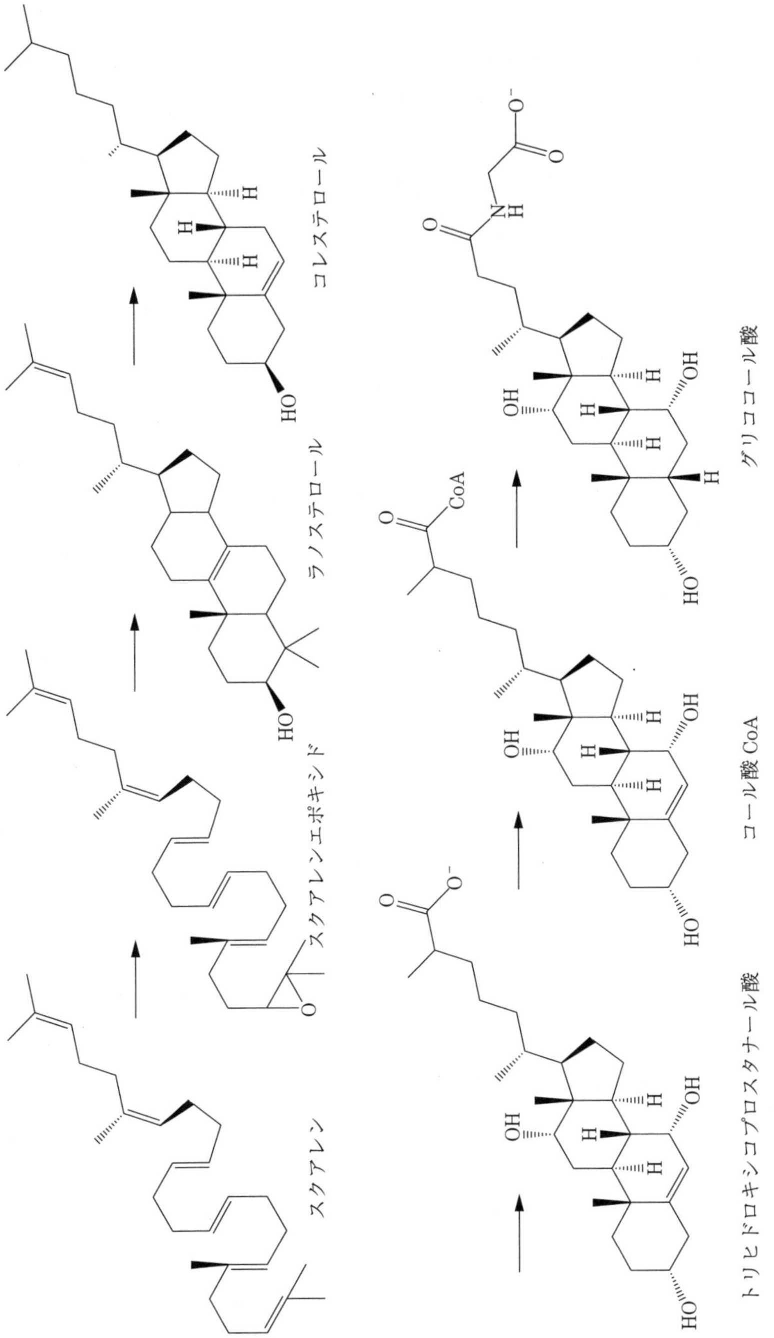

スクアレン → スクアレンエポキシド → ラノステロール → コレステロール

トリヒドロキシコプロスタナール酸 → コール酸 CoA → グリココール酸

図 11.10　スクアレンの環化によるコレステロールの合成（コレステロールからは胆汁酸が導かれる）

コレステロールは，ホスファチジルコリン，ホスファチジルセリンなど，リン脂質とともに細胞膜を構成するのみならず，もう一つ重要な役割がある。コレステロールがヒドロキシ化され，酸化されることでトリヒドロキシコプロスタノール酸（trihydoroxycoprostanoate）が生成し，これを経て生じるコール酸（cholic acid），さらにはコール酸コエンザイムA（cholyl CoA）からグリシンにアシル移動したグリココール酸（glycocholate）は，**胆汁酸**（bile acid または bile salt）と呼ばれ，消化器官中で食物の脂肪とミセルを形成し，可溶化する。

章末問題

―この章の理解を深めるために―

問題 11-1　グルコースからグリコーゲンが導かれる過程では，**問表 11.1** に記載の酵素が関わっている。基質と生成物を特定し，補酵素が関わる場合はそれを含め，それぞれの反応機構を示しなさい。

問表 11.1

基　　質	生 成 物	酵　　素	EC
		Glucokinase	2.7.1.2
		Hexokinase	2.7.1.1
		Phosphoglucomutase	5.4.2.2
		UDP-glucose-1-phosphate urydylyltransferase	2.7.7.9
		Glycogen (starch) synthase	2.4.1.11
		Glutathione transferase	2.5.1.18

問題 11-2　脂肪酸の合成では**問表 11.2** に記載の酵素が関わっている。基質と生成物を特定し，補酵素が関わる場合はそれを含め，それぞれの反応機構を示しなさい。

問表 11.2

基　　質	生 成 物	酵　　素	EC
		[Acetyl-CoA carboxylase]-phosphatase	3.1.3.44
		[Acetyl-carrier-protein]-S-acyltransferase	5.3.1.9
		[Acetyl-carrier-protein]-S-malonyltransferase	2.3.1.39
		3-Ketoacyl-[acetyl-carrier-protein]-synthase-1	2.3.1.41
		3-Ketoacyl-[acetyl-carrier-protein]-reductase	1.1.1.100
		3-Hydroxyacyl-[acetyl-carrier-protein]-dehydorase	4.2.1.17
		Enoyl-[acetyl-carrier-protein]-reductase	1.3.1.9

問題 11-3　脂肪酸の生合成では二炭素ずつ伸長していく理由を化学的に説明しなさい。

12章 生命活動を維持する分子の合成

生命の基本単位である細胞，その細胞膜を構成する脂質，タンパク質の単量体であるアミノ酸，これらの分子は解糖の過程で得られる代謝産物を出発物質として細胞内で合成される。また生命情報を記録する核酸の単量体であるヌクレオチドは，解糖の代謝産物といくつかのアミノ酸を組み合わせて合成されている。

12.1 アミノ酸の合成

タンパク質を構成する20種類のアミノ酸のうち，ヒトを含む動物が自身で合成できるのは，グルタミン酸，グルタミン，アルギニン，プロリン，アスパラギン酸，アスパラギン，セリン，システイン，グリシン，アラニン，チロシンの11種類（非必須アミノ酸）で，他の9種類(必須アミノ酸)，ヒスチジン，トリプトファン，フェニルアラニン，バリン，ロイシン，リジン，メチオニン，トレオニン，イソロイシンは，植物，微生物が合成したものを食物として摂取している。11種類の非必須アミン酸は，解糖の結果得られる代謝物質を出発物質として合成される。アミノ酸はタンパク質合成のモノマーであるばかりでなく，ヌクレオチド合成においても，その役割を発揮する。グリシンとアスパラギン酸はそれぞれプリン環，ピリミジン環を構成しており，グルタミンもヌクレオチド合成中でアミノ基の供給源となっている。細菌および植物のアミノ酸合成で出発物質となる代謝産物を，**表12.1**に示す。

グルコース解糖過程で生じた3-ホスホグリセリン酸（3-phosphoglycerate）からは，NAD^+による酸化，グルタミン酸からのアミノ基の付与を経て，**セリン**（**図12.1**上）が合成される。セリンがホモシステイン（後述）と縮合して生じたシスタチオニン（cystathionine）が，加水分解，2-オキソ酪酸（2-oxobutyrate），アンモニアの脱離を経て，**システイン**（図12.1中）が合成される。また，セリンが**ピリドキサールリン酸**（pyridoxal phosphate，**PLP**）にPLP-セリンイミン（PLP-serine imine）

表 12.1　細菌および植物のアミノ酸合成で出発物質となる代謝産物

出発物質（解糖の代謝産物）	アミノ酸 1	アミノ酸 2	アミノ酸 3
3-ホスホグリセリン酸	セリン	システイン グリシン	
ホスホエノールピルビン酸 エリスロース-4-リン酸	フェニルアラニン チロシン トリプトファン	チロシン	
ピルビン酸	アラニン バリン ロイシン イソロイシン		
オキサロ酢酸	アスパラギン酸	アスパラギン メチオニン トレオニン リジン	イソロイシン
2-オキソグルタル酸	グルタミン酸	グルタミン プロリン アルギニン	
リボース-5-リン酸	ヒスチジン		

〔注〕 アミノ酸 1 からアミノ酸 2 が，アミノ酸 2 からさらにアミノ酸 3 が導かれる。

として担持され，塩基によるセリン側鎖のプロトンの引抜き，側鎖の脱離を経て，**グリシン**が導かれる（図 12.1 下）。ピリドキサールリン酸はアミノ酸の合成と代謝に関わる補酵素の一つである。

グルコース-6-リン酸（glucose-6-phophate）から酸化還元，脱炭酸により導かれたリボース-5-リン酸（ribose-5-phosphate）がさらに開裂して生じた**エリトロース-4-リン酸**（elitorose-4-phosphate）と，別経路の解糖で得られた**ホスホエノールピルビン酸**（phosphoenol pyruvate）の二つからは，フェニルアラニン，チロシン，トリプトファンが合成される。これら三つのアミノ酸合成は**コリスミ酸**（chorismate）までの経路（**図 12.2**）が共有されている。エリトロース-4-リン酸にホスホエノールピルビン酸が付加，水和と環化，脱リン酸と酸化，脱水と還元を経て，シキミ酸が導かれる。シキミ酸のリン酸化，再びホスホエノールピルビン酸に求核置換，次いで脱リン酸すると，コリスミ酸が導かれる。

コリスミ酸から分子内炭素転移反応を伴ってプレフェン酸（prephenate）に，さらに脱炭酸，脱水からフェニルピルビン酸（phenyl pyruvate）を経て，グルタミン酸からのアミノ基転移反応の後**フェニルアラニン**（phenylalanine）が導かれる。プレフェン酸が NAD^+ による酸化を受け，次いで脱炭酸により 4-ヒドロキシフェニルピルビン酸（4-hydroxyphenylpyruvate）に，さらにグルタミン酸からのアミノ基転

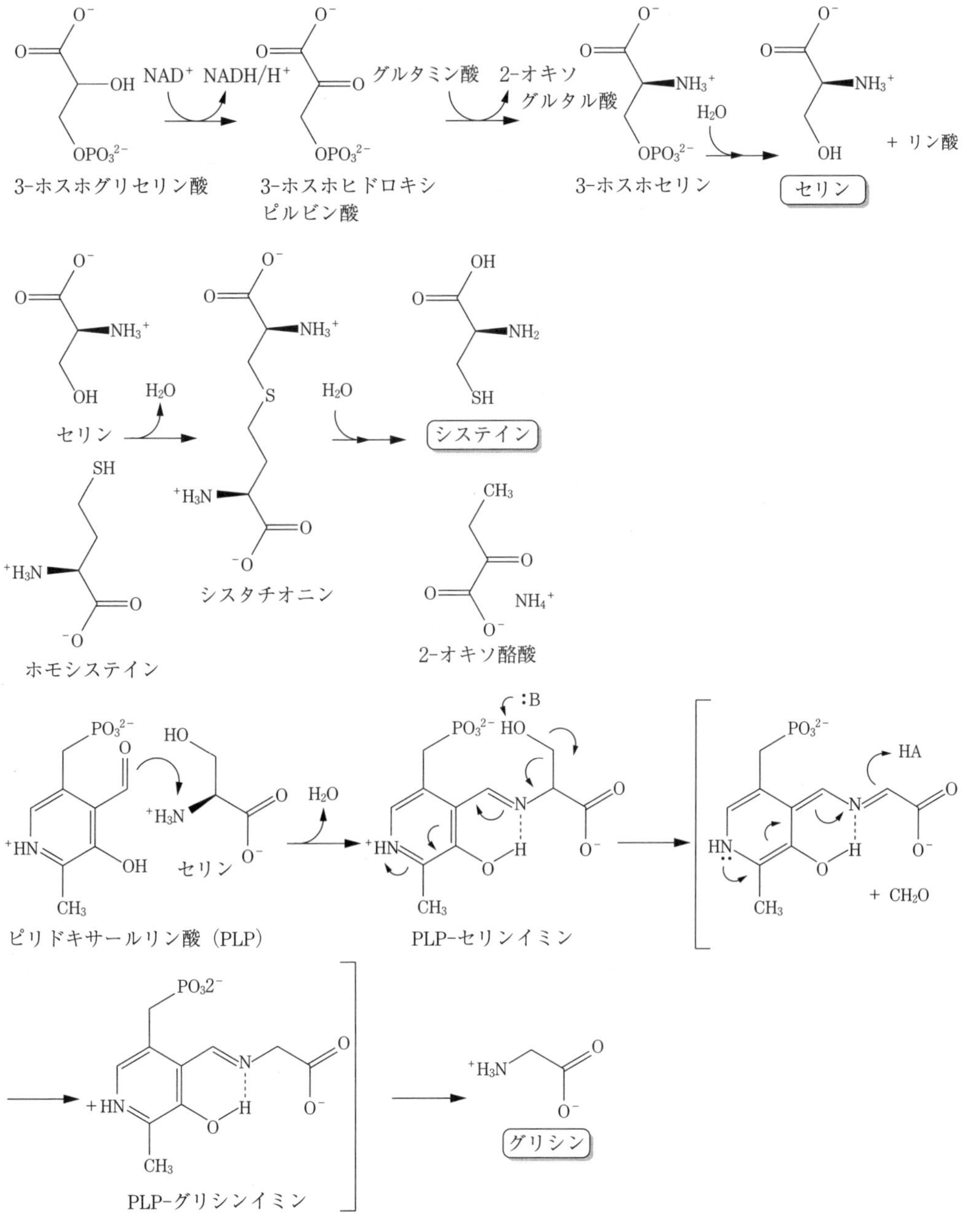

図 12.1　3-ホスホグリセリン酸からセリン，システイン，グリシンの合成

移反応を経て**チロシン**（tyrosine）が導かれる（**図 12.3**）。

トリプトファン（**図 12.4**）の場合は，コリスミ酸にグルタミンの側鎖からアミノ基の付加とピルビン酸の脱離によりアントラニル酸（anthranilate）が導かれ，これが5-ホスホリボシル-1-ピロリン酸（5-phosphoribosyl -1-α-pyrophosphate，PRPP）に求核置換し，*N*-(5′-

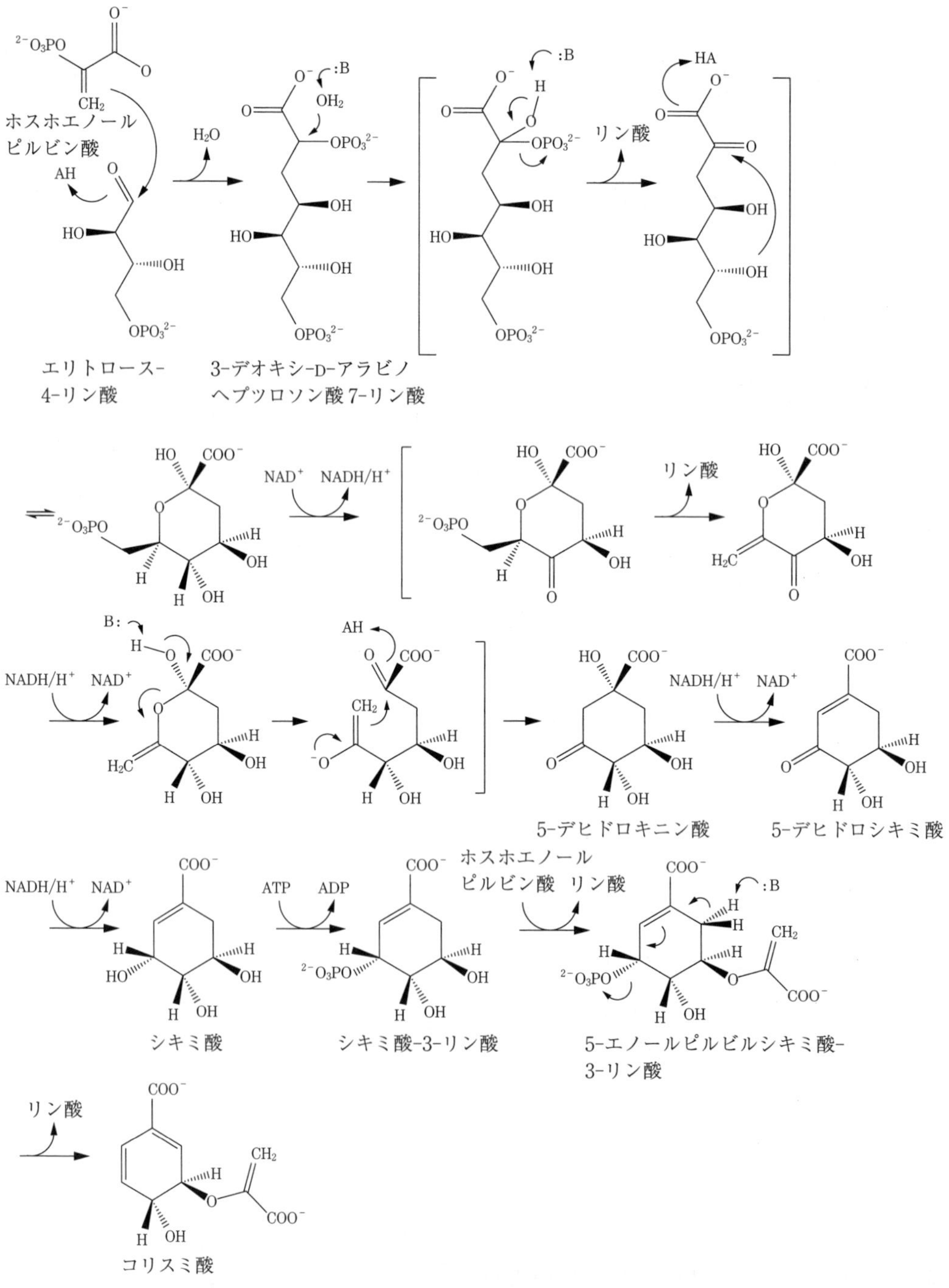

図 12.2　エリトロース-4-リン酸とホスホエノールピルビン酸からコリスミ酸が導かれる

ホスホリボシル)-アントラニル酸（*N*-(5′-phosphoribosyl)-anthranilate）となる。これが開環し，1-(*o*-カルボキシフェニルアミノ)-1-デオキシリボース-5-リン酸（1-(*o*-carboxy-phenylamino)1-deoxyribose-5-phosphate）

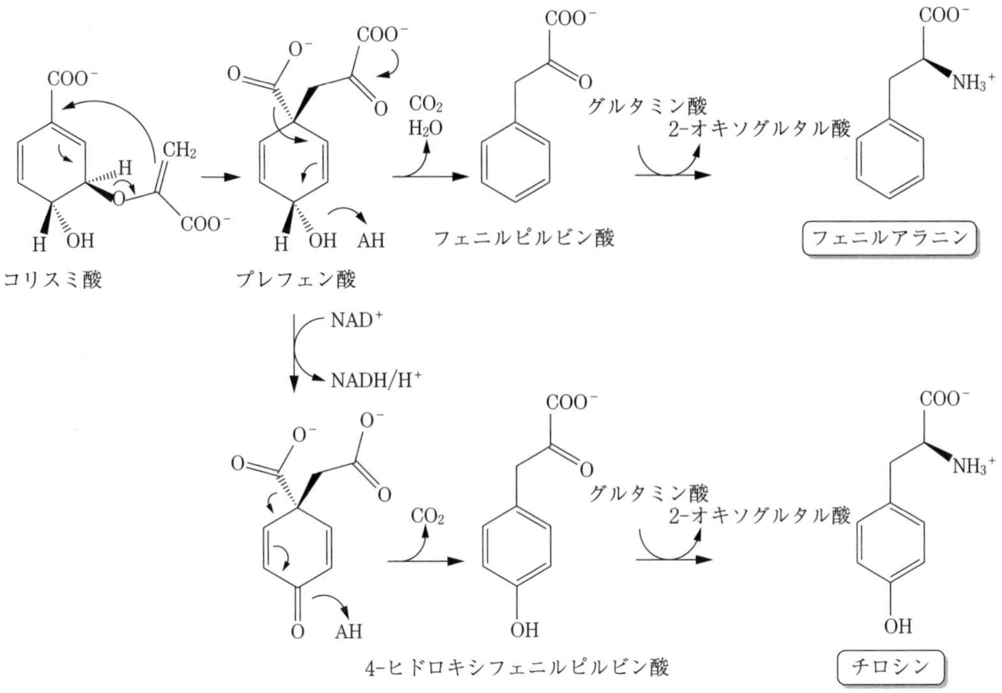

図 12.3 コリスミ酸からフェニルアラニン，チロシンの合成

となり，脱炭酸，脱水を経てインドール-3-グリセロールリン酸（indole-3-glycerolphosphate）としてインドール環が形成される。これからグリセルアルデヒド-3-リン酸（glyceraldehyde-3-phosphate）が脱離し，セリンとピリドキサールリン酸の縮合体から生じたアミノアクリル酸-PLP イミン（aminoacrylate-PLP imine）にインドールが付加することで，**トリプトファン**（trypto-phane）が合成される。

解糖の産物であるピルビン酸に，グルタミン酸からアミノ基転移を受けて**アラニン**（alanine）が導かれる（**図 12.5** 上）。

ピルビン酸がチアミンピロリン酸（TPP）†に付加し脱炭酸して生じたヒドロキシエチルチアミンピロリン酸（hydroxyethylthiamine pyrophosphate, HETPP）が，もう一つのピルビン酸に求核付加することで 2-メチル-2-ヒドロキシ-3-オキソ酪酸（2-methyl-2-hydoxy-3-oxobutyrate）となり，これが分子内の炭素転移を経て，2-オキソ-3-ヒドロキシイソ吉草酸（2-oxo-3-hydroxyisovalerate）となる。さらに還元されて 2,3-ジヒドロキシイソ吉草酸（2,3-dihydroxyisovalerate），脱水により 2-オキソイソ吉草酸（2-oxoisovalerate）となり，グルタミン酸からアミノ基転移反応により**バリン**（varine）が導かれる（図 12.5 下）。

† TPP については「解糖による ATP の獲得」の p.100 を参照。

2-オキソイソ吉草酸にアセチル CoA からアルドール縮合により導か

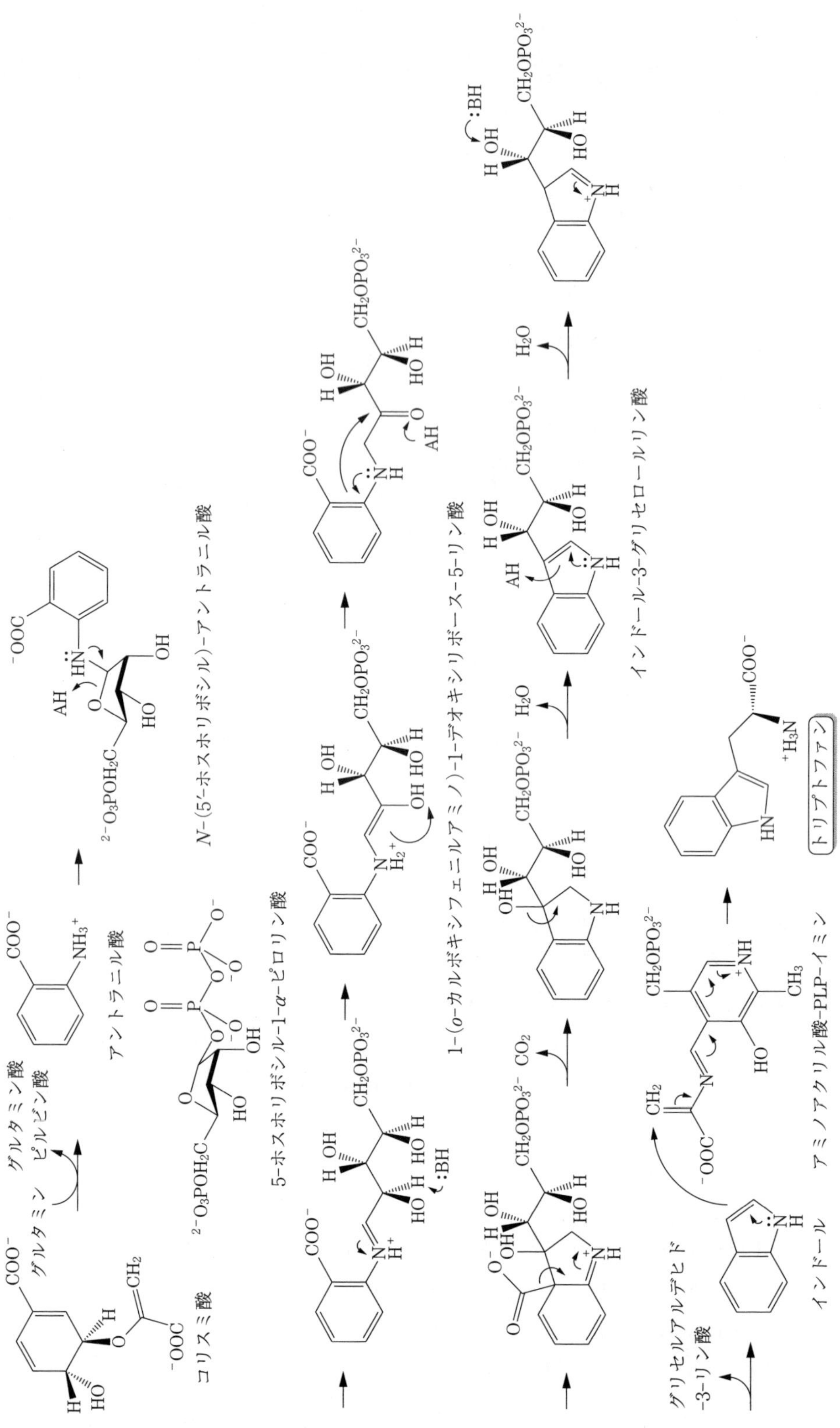

コリスミ酸
グルタミン
グルタミン酸
ピルビン酸
アントラニル酸
5-ホスホリボシル-1-α-ピロリン酸
N-(5'-ホスホリボシル)-アントラニル酸
1-(o-カルボキシフェニルアミノ)-1-デオキシリボース-5-リン酸
CO_2
H_2O
インドール-3-グリセロールリン酸
グリセルアルデヒド-3-リン酸
インドール
アミノアクリル酸-PLP-イミン
トリプトファン

図 12.4　トリプトファンの合成

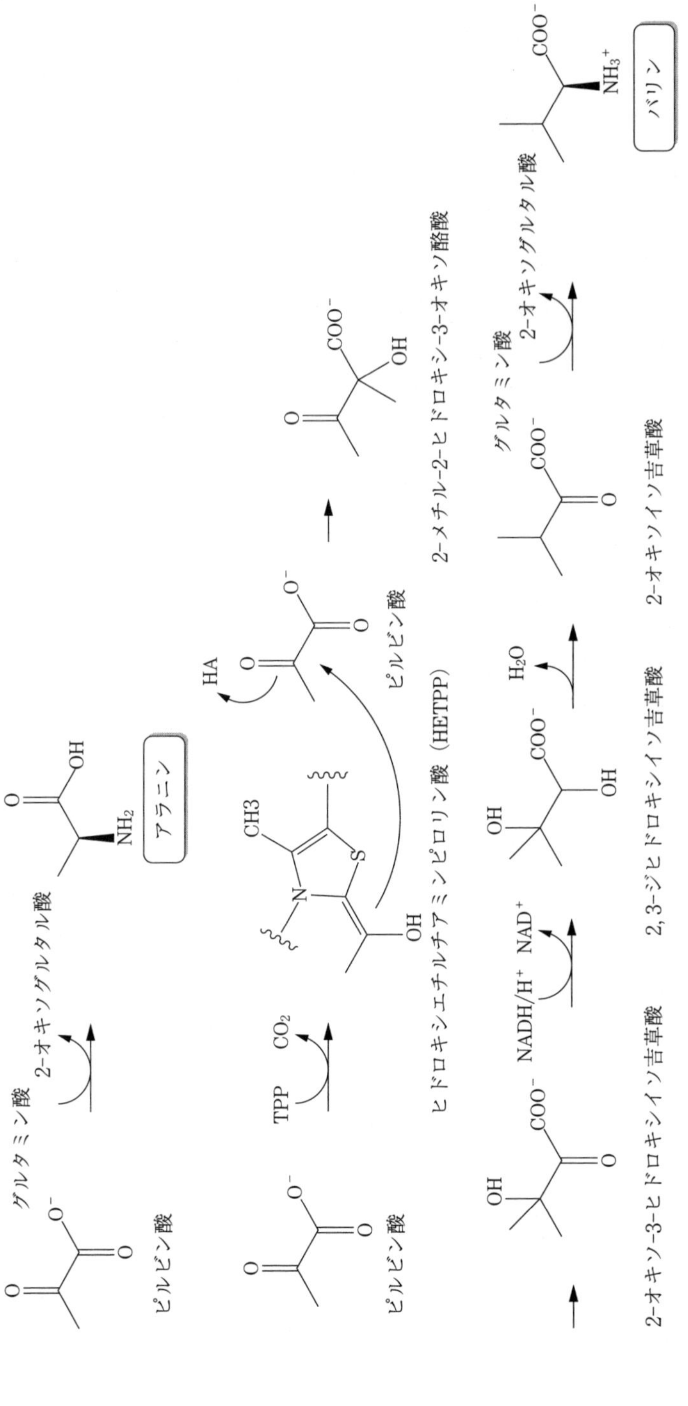

ピルビン酸
グルタミン酸
2-オキソグルタル酸
NH_2
OH
アラニン

ピルビン酸
TPP
CO_2
CH3
N
S
OH
ヒドロキシエチルチアミンピロリン酸（HETPP）
HA
ピルビン酸
COO^-
OH
2-メチル-2-ヒドロキシ-3-オキソ酪酸

OH
COO^-
2-オキソ-3-ヒドロキシイソ吉草酸
NADH/H^+
NAD^+
2,3-ジヒドロキシイソ吉草酸
H_2O
2-オキソイソ吉草酸
グルタミン酸
2-オキソグルタル酸
NH_3^+
COO^-
バリン

図 12.5　ピルビン酸からアラニン，バリンの合成

れる2-ヒドロキシ-2-イソプロピルコハク酸（2-hydroxy-2-isopropylsuccinate）が，ヒドロオキシル基の転移により2-ヒドロキシ-3-イソプロピルコハク酸（2-hydroxy-3-isopropylsuccinate）となり，さらにNAD^+により酸化されて3-イソプロピル-3-オキソコハク酸，脱炭酸により4-メチル-2-オキソ吉草酸（4-methyl-2-oxovalerate），これにグルタミン酸からアミノ基転移反応を受けて**ロイシン**（leucine）が導かれる（**図12.6**上）。

ヒドロキシエチルチアミンピロリン酸（HETPP）が2-オキソ酪酸（2-oxo-butyrate）に求核付加すると2-エチル-2-ヒドロキシ-3-オキソ酪酸（2-ethyl-2-hydroxy-3-oxobutyrate）となり，転移反応を経て3-ヒドロキシ-3-メチル-2-オキソ吉草酸（3-hydroxy-3-methyl-2-oxovalerate）となり，さらに還元されて2,3-ジヒドロキシ-3-メチル吉草酸（2,3-dihydroxy-3-methylvalerate），脱水により3-メチル-2-オキソ吉草酸（3-methyl-2-oxovalerate），グルタミン酸からアミノ基転移反応を受けて**イソロイシン**（isoleucine）が導かれる（図12.6下）。

ピルビン酸からクエン酸回路で導かれるオキサロ酢酸（oxaloacetate）に，グルタミン酸からアミノ基が付与されると**アスパラギン酸**（asparate）が導かれる（**図12.7**上）。アスパラギン酸は，AMPとの酸無水物がグルタミンによりアミド化されて**アスパラギン**（asparagine）が導かれる（図12.7上）。

アスパラギン酸がATPによりリン酸化されたのちNADPHにより二回還元されると，ホモセリン（homoserine）が導かれる。これがスクシニルCoA（succinyl CoA）との反応で*O*-スクシニルホモセリン（*O*-succinyl-homoserine），さらにシステインとチオエーテルを形成したシスタチオン（cystathione）からピルビン酸が脱離して生じたホモシステイン（homocysteine）に5-メチルテトラヒドロ葉酸（5-methyl tetrahydrofolate, 5-methyl THF）からメチル基が転移して**メチオニン**（methionine）が合成される（図12.7中）。スクシニルCoAは2-オキソグルタル酸から脱炭酸，NAD^+による酸化を経て導かれ，**テトラヒドロ葉酸**（**THF**）は一炭素転移反応に関わる補酵素である。

ホモセリンがリン酸化されたホスホホモセリン（phosphohomoserine）が，ピリドキサール（pyridoxal）との反応中間体を経て水和されることで，**トレオニン**（thoreonine）が合成される（**図12.8**）。

アスパラギン酸がリン酸化され，還元されたアスパラギン酸セミアルデヒド（aspartate semialdehyde）がピルビン酸とアルドール縮合し，

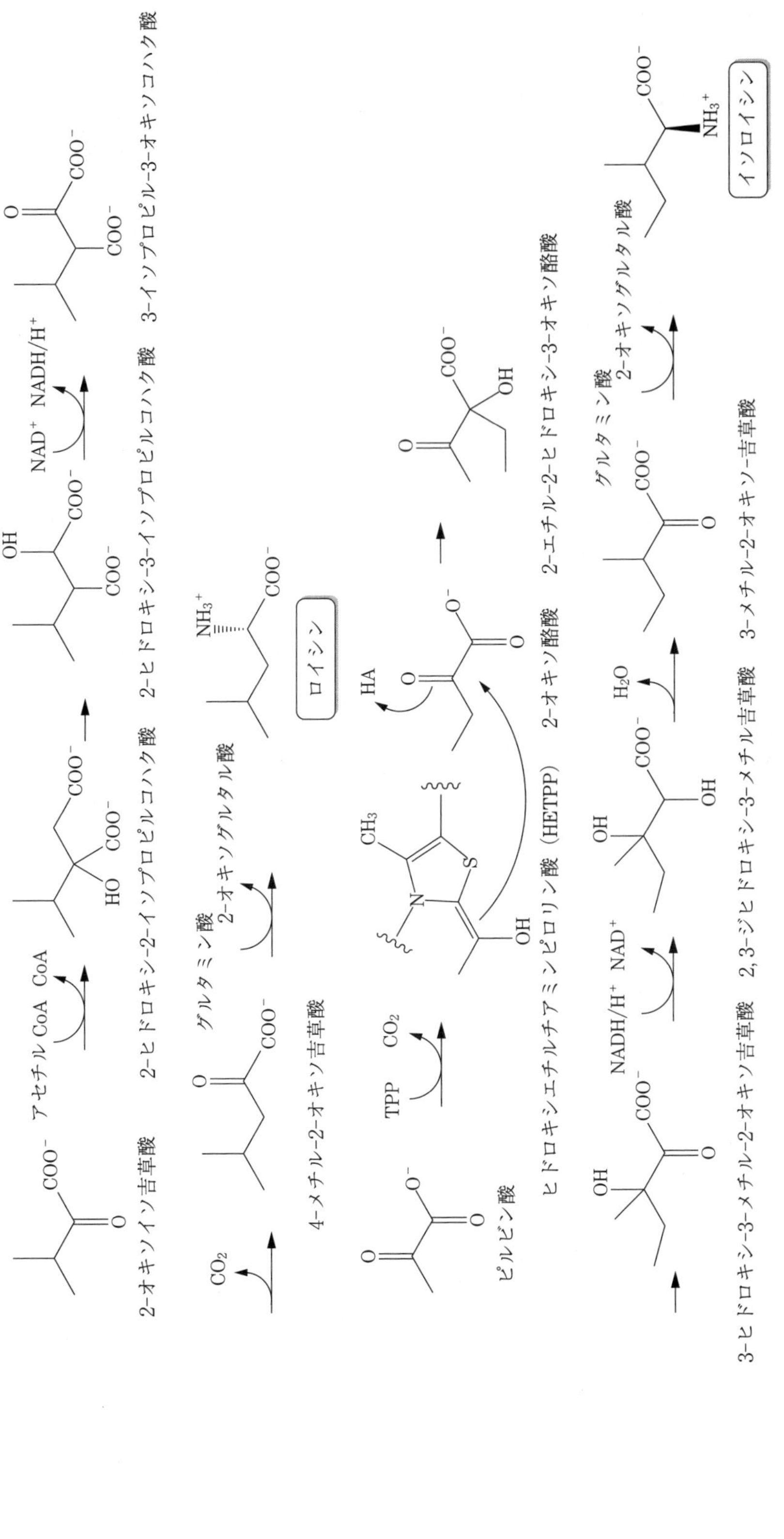

2-オキソイソ吉草酸

アセチル CoA　CoA

2-ヒドロキシ-2-イソプロピルコハク酸

2-ヒドロキシ-3-イソプロピルコハク酸

NAD$^+$　NADH/H$^+$

3-イソプロピル-3-オキソコハク酸

CO_2

4-メチル-2-オキソ吉草酸

グルタミン酸　2-オキソグルタル酸

ロイシン

ピルビン酸

TPP　CO_2

ヒドロキシエチルチアミンピロリン酸（HETPP）

HA

2-オキソ酪酸

2-エチル-2-ヒドロキシ-3-オキソ酪酸

3-ヒドロキシ-3-メチル-2-オキソ吉草酸

NADH/H$^+$　NAD$^+$

2,3-ジヒドロキシ-3-メチル吉草酸

H_2O

3-メチル-2-オキソ-吉草酸

グルタミン酸　2-オキソグルタル酸

イソロイシン

図 12.6 ピルビン酸からロイシン，イソロイシンの合成

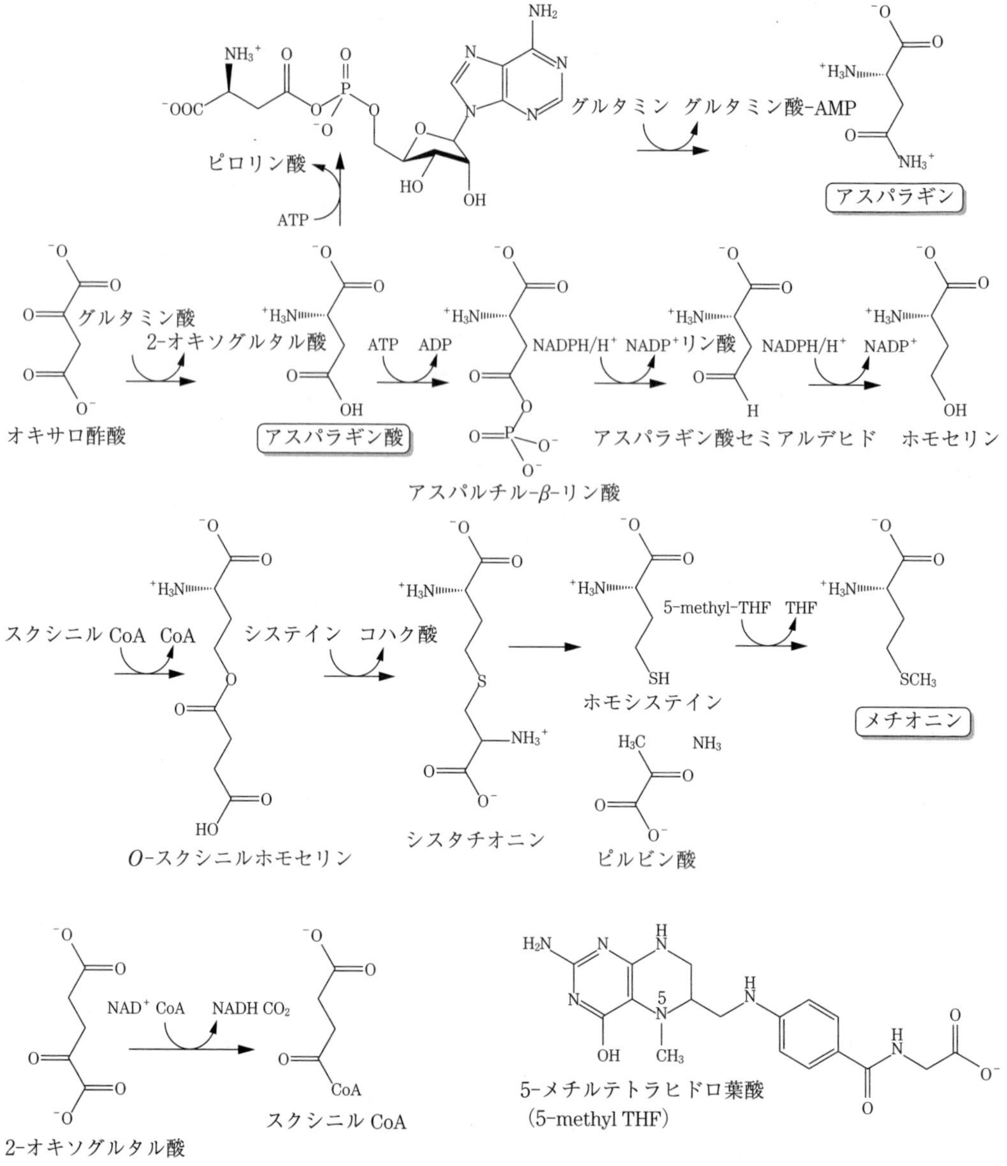

図 12.7　オキサロ酢酸からアスパラギン酸，アスパラギン，メチオニンの合成

2-アミノ-4-ヒドロキシ-6-オキソピメリン酸（2-amino-4-hydroxy-6-oxopimerate）となる。これが脱水，環化，さらに脱水し，NADPH により還元され，次いでアミノ基がスクシニル化（-NH-Suc）され加水分解されると開環し，*N*-スクシニル-2-アミノ-6-オキソピメリン酸（*N*-succinyl-2-amino-6-oxopimerate）に，さらにグルタミン酸からアミノ基転移を受け (*S*, *S*)-*N*-スクシニル-2-アミノ-2, 6-ジアミノピメリン酸（(*S*, *S*)-*N*-succinyl-2-amino-2, 6-diaminopimerate），加水分解によりスクシニ

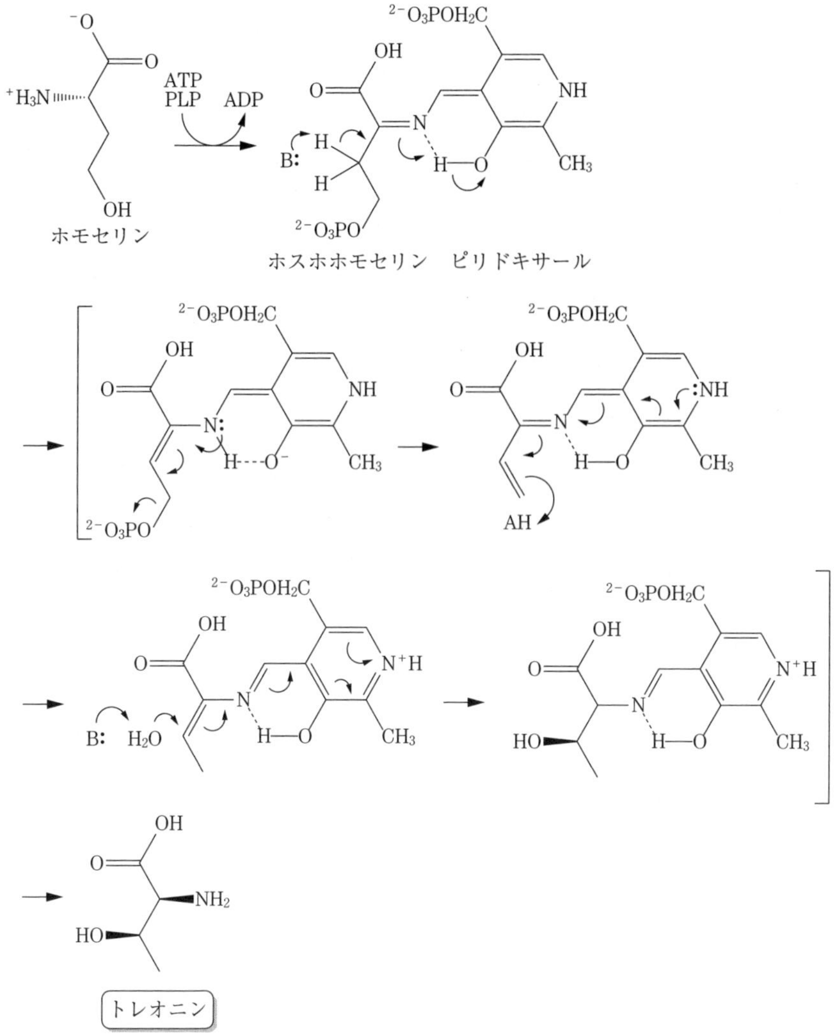

図 12.8　オキサロ酢酸からホモセリンを経由したトレオニンの合成

ル単位が脱離し 2, 6-ジアミノピメリン酸（2, 6-diaminopimerate）となり，これから脱炭酸を経て**リジン**（lysine）が導かれる（**図 12.9**）。

グルコースの代謝，解糖で生じるピルビン酸がクエン酸回路で 2-オキソグルタル酸（2-oxo-glutarate）を生じるが，これにアミノ基が付与されて**グルタミン酸**（glutamate）となる（**図 12.10** 上）。グルタミン酸は，さまざまなアミノ酸合成でアミノ基の供与体として働く。グルタミン酸の側鎖がリン酸との酸無水物形成で活性化されたのちアミノ化されると，**グルタミン**（glutamine）となる（図 12.10 上）。

グルタミン酸がリン酸化を経て還元されグルタミン酸-5-セミアルデヒド（glutamate-5-semialdehyde）となり，これから脱水，環化し (*S*)-

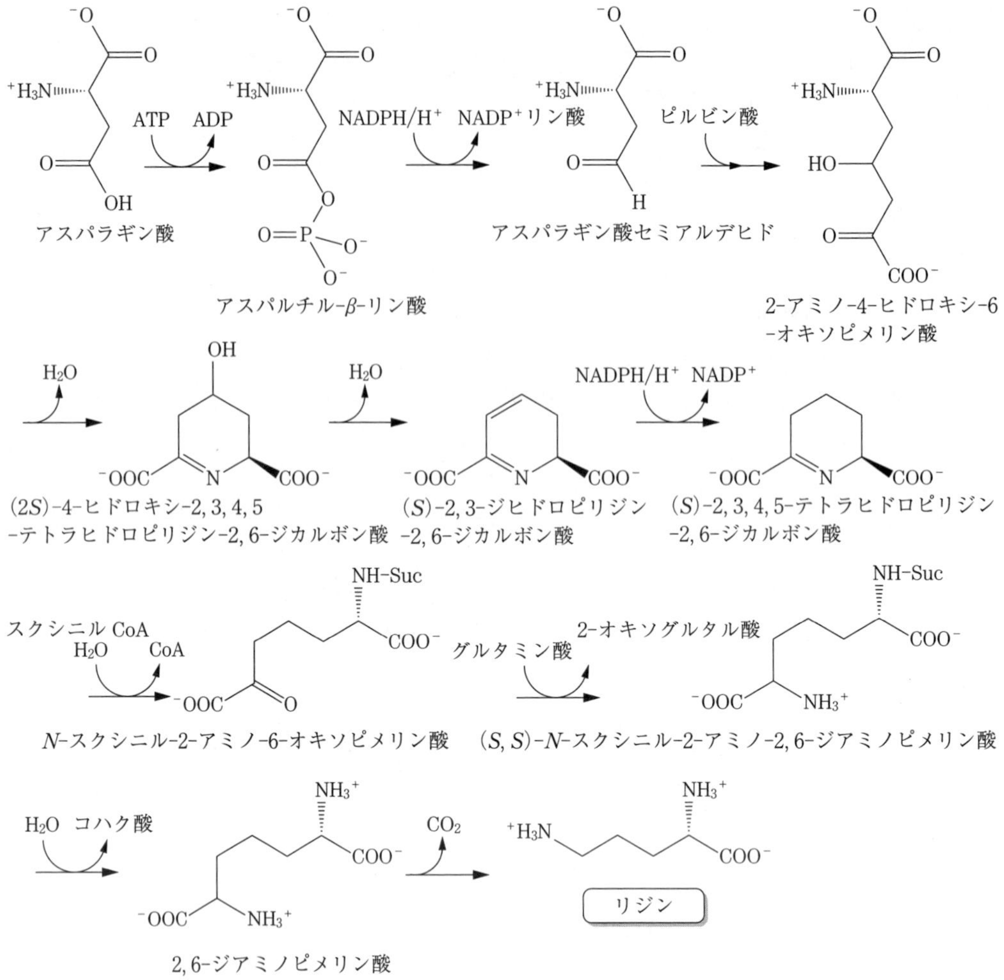

アスパラギン酸 →(ATP → ADP) アスパルチル-β-リン酸 →(NADPH/H⁺ → NADP⁺ リン酸) アスパラギン酸セミアルデヒド →(ピルビン酸) 2-アミノ-4-ヒドロキシ-6-オキソピメリン酸

→(H_2O) (2*S*)-4-ヒドロキシ-2, 3, 4, 5-テトラヒドロピリジン-2, 6-ジカルボン酸 →(H_2O) (*S*)-2, 3-ジヒドロピリジン-2, 6-ジカルボン酸 →(NADPH/H⁺ → NADP⁺) (*S*)-2, 3, 4, 5-テトラヒドロピリジン-2, 6-ジカルボン酸

→(スクシニル CoA, H_2O → CoA) *N*-スクシニル-2-アミノ-6-オキソピメリン酸 →(グルタミン酸 → 2-オキソグルタル酸) (*S*, *S*)-*N*-スクシニル-2-アミノ-2, 6-ジアミノピメリン酸

→(H_2O → コハク酸) 2, 6-ジアミノピメリン酸 →(CO_2) リジン

図 12.9　アスパラギン酸からリジンが合成される

3, 4-ジヒドロキシ-2*H*-ピロール-2-カルボン酸（(*S*)-3, 4-dihydroxy-2H-pyrrole-2-carboxylate）が導かれる。これが還元されて**プロリン**（proline）となる（図 12.10 中）。

一方，グルタミン酸-5-セミアルデヒドがグルタミン酸からアミノ基転移を受け，オルニチン（ornithine）となる。これに炭酸水素イオンがリン酸化，アミノ化を経てカルバモイルリン酸（carbamoyl phosphate）と縮合し，シトルリン（citrulline）が導かれる。さらにシトルリンとアスパラギン酸との縮合反応からアルギノコハク酸（arginosuccinate）が導かれ，これからフマル酸（fumalate）が脱離することで**アルギニン**（arginine）が導かれる（図 12.10 下）。

グルコース-6-リン酸から酸化還元，脱炭酸によりリボース-5-リン酸

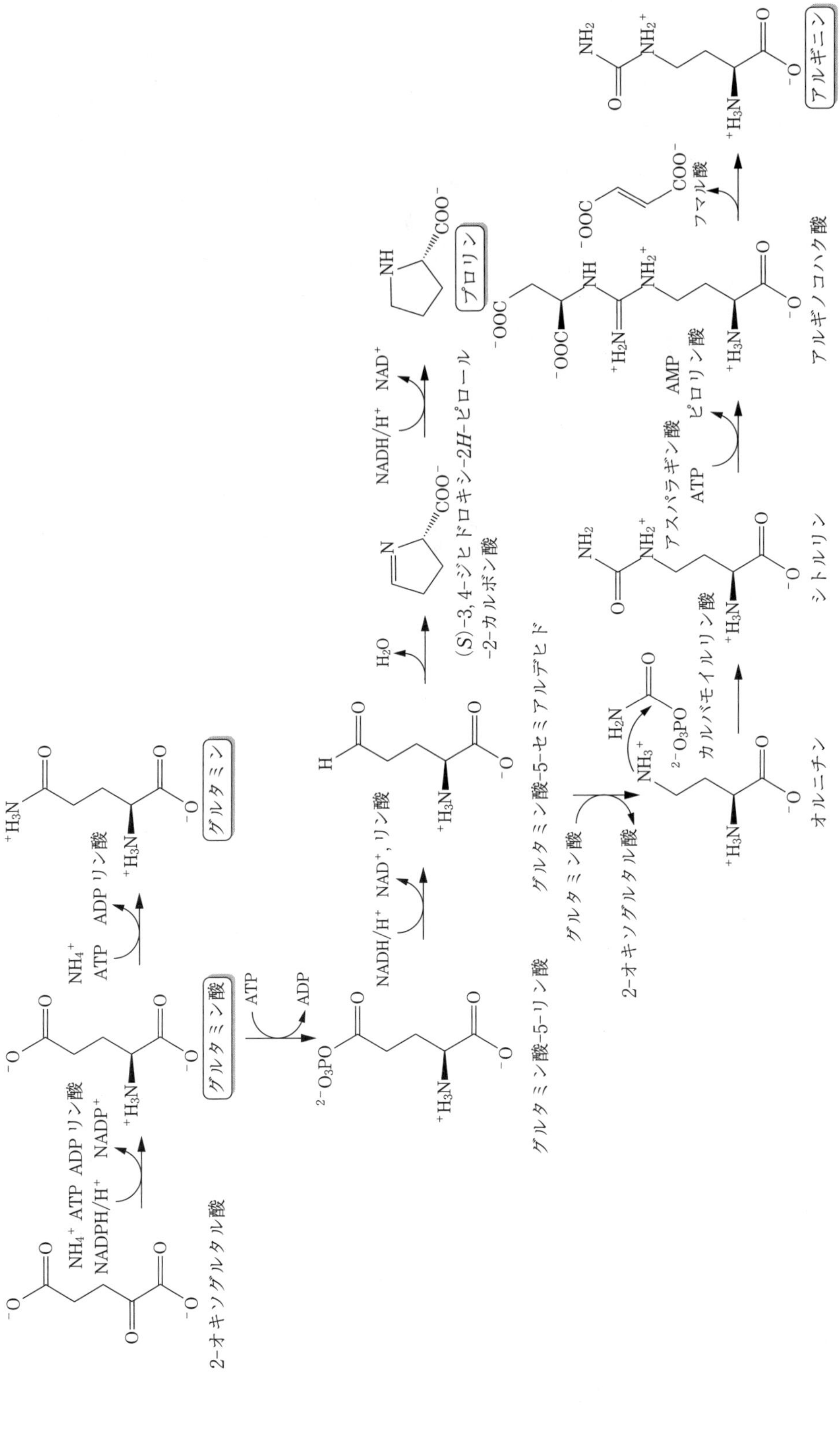

2-オキソグルタル酸

NH_4^+ ATP ADP リン酸

NADPH/H^+ $NADP^+$

グルタミン酸

NH_4^+

ATP ADP リン酸

グルタミン

ATP

ADP

グルタミン酸-5-リン酸

NADH/H^+ NAD^+, リン酸

グルタミン酸-5-セミアルデヒド

H_2O

(*S*)-3, 4-ジヒドロキシ-2*H*-ピロール-2-カルボン酸

NADH/H^+ NAD^+

プロリン

グルタミン酸

2-オキソグルタル酸

カルバモイルリン酸

オルニチン

シトルリン

アスパラギン酸 AMP

ATP ピロリン酸

アルギノコハク酸

フマル酸

アルギニン

図 12.10 2-オキソグルタル酸からグルタミン酸を経て，グルタミン，プロリン，アルギニンが合成される

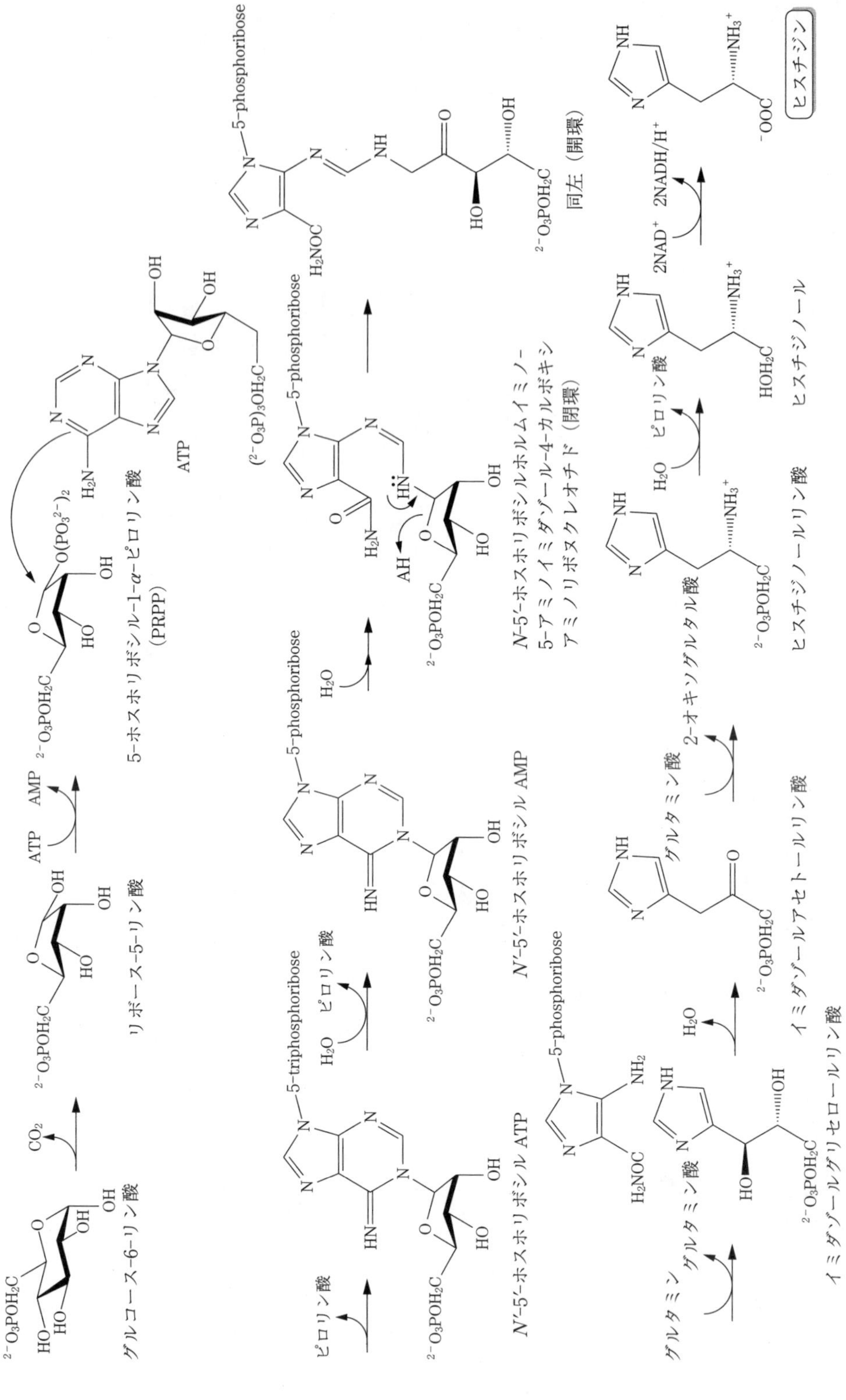

グルコース-6-リン酸 → (CO_2) → リボース-5-リン酸 → (ATP, AMP) → 5-ホスホリボシル-1-α-ピロリン酸 (PRPP)

ATP

→ (ピロリン酸) → N'-5′-ホスホリボシル ATP → (H_2O, ピロリン酸) → N'-5′-ホスホリボシル AMP → (H_2O) → N-5′-ホスホリボシルホルムイミノ-5-アミノイミダゾール-4-カルボキシアミノリボヌクレオチド（閉環） → 同左（開環）

→ (グルタミン, グルタミン酸) → イミダゾールグリセロールリン酸 (+ 5-phosphoribose 付き H_2NOC/NH_2 イミダゾール) → (H_2O) → イミダゾールアセトールリン酸 → (グルタミン酸, 2-オキソグルタル酸) → ヒスチジノールリン酸 → (H_2O, ピロリン酸) → ヒスチジノール → ($2NAD^+$, $2NADH/H^+$) → ヒスチジン

図 12.11　グルコース-6-リン酸からヒスチジンの合成

が導かれ，これがさらに一位リン酸化された5-ホスホリボシル-1-α-ピロリン酸（PRPP）にATPが求核置換する。次いでピロリン酸（PPi）が脱離し，アデニンの六員環が加水分解され開環する。リボース環も開環，異性化しケトンになると，グルタミン酸からアミノ基転移を経てアデニンの五員環は脱離し，イミダゾールグリセロールリン酸が生成する。これが脱水と異性化を経てイミダゾールアセトールリン酸となり，再びグルタミン酸からアミノ基転移を受け，リン酸エルテルの加水分解，酸化を経て，**ヒスチジン**が合成される（**図12.11**）。

12.2 ヌクレオチドの合成

ヌクレオチドは，DNA，RNAを構成する単量体であるばかりではない。特にATPはエネルギーを放出する媒体分子として，リン酸化反応におけるリン酸供与体として，また三つの補酵素であるNAD$^+$，FAD，CoAを構成する分子の要素である。GTPもまた，Gタンパク質共役受容体では，この受容体を構成する三つのタンパク質の会合と解離を制御するレギュレーターとして働いている。ヌクレオチドのうちプリンヌクレオチドはグリシンをプリン環骨格に，ピリミジンヌクレオチドはアスパラギン酸をピリミジン骨格に取り入れて合成されている。

12.2.1 プリンヌクレオチドの合成

プリンヌクレオチド（purine nucleotide）はリボース環上に構築されていく（**図12.12**）。5-ホスホリボシル-1-α-ピロリン酸（PRPP）がグルタミンからのアミノ基転移を受け，5-ホスホリボシル-1-β-アミン（5-phosphoribosyl-1-β-amine）となる。これにグリシンとATPとの反応で形成されたグリシルリン酸が求核置換し，グリシンアミドリボヌクレオチド（glycineamide ribonucleotide）が導かれる。グリシンのアミノ基が，**N^{10}-ホルミルテトラヒドロ葉酸**（N^{10}-formyltetrahydroforate, N^{10}-formyl-THF）から求核アシル置換反応によりホルミル化される。グリシンのカルボニルがATPによりリン酸化され，ついでグルタミンからアミノ基の転移を受けてホルミルグリシンアミジンリボヌクレオシド（formylglycineamidine ribonucleotide）となる。再びATPとの反応でホルミル基がリン酸化されると環化し，5-アミノイミダゾールリボヌクレオシド（5-aminoimidazole ribonucleotide）が生成する。細菌では5位のアミノ基がカルボキシ化され，次いで四位にカルボキシル基が転移

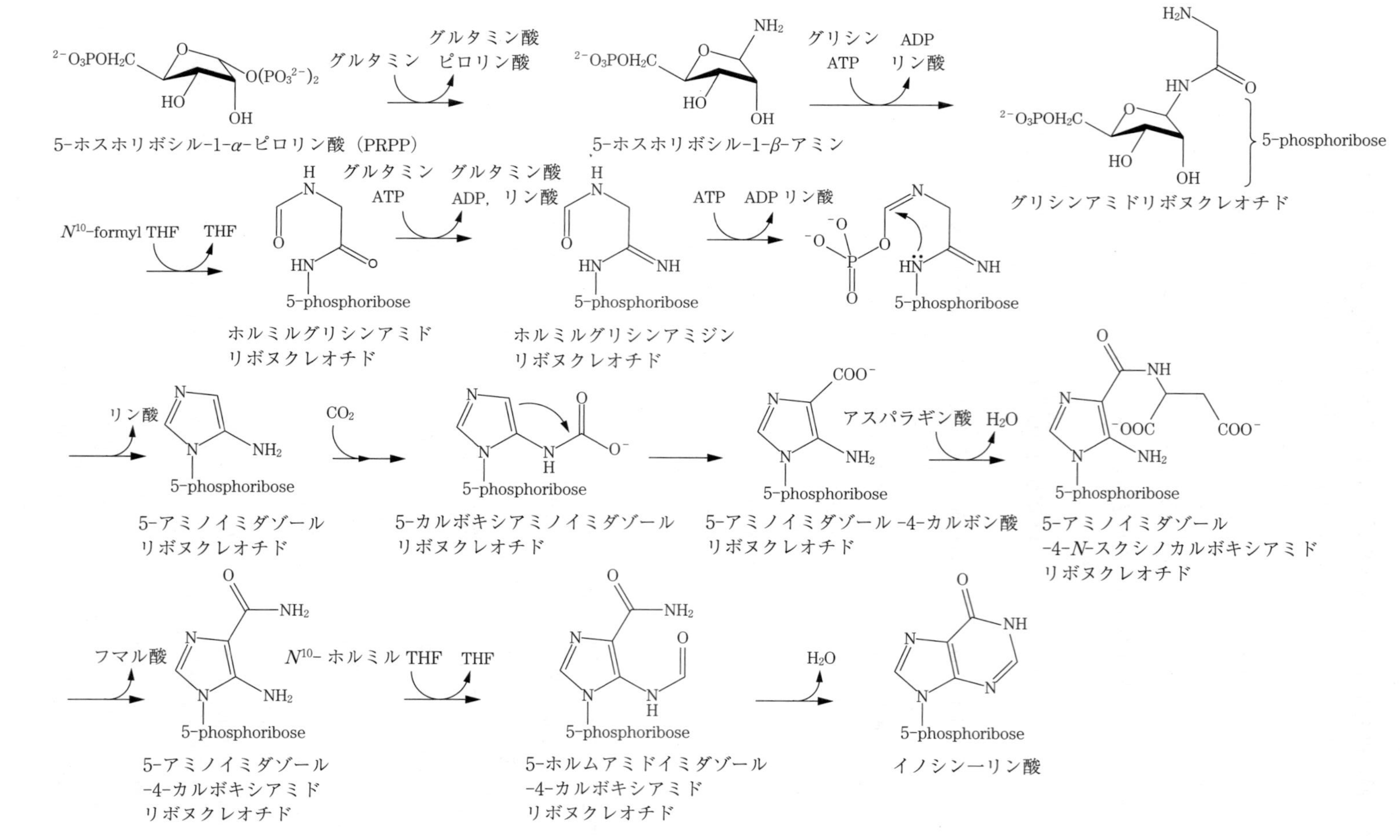

図 12.12　プリン環，イノシンはリボース上で構築される

し，5-アミノイミダゾール-4-カルボン酸リボヌクレオチド（5-aminoimidazole-4-carboxylate ribonucleotide）が合成される。なお，脊椎動物の場合は4位炭素に直接カルボキシ化される。ここへアスパラギン酸が縮合し，5-アミノイミダゾール-4-*N*-スクシノカルボキシアミドリボヌクレオシド（5-aminoimidazole-4-*N*-succinocarboxamide ribonucleotide）が生成する。これからフマル酸（fumalate）が脱離し5-アミノイミダゾール-4-カルボキシアミドリボヌクレオチド（5-amimoimidazole-4-carboxyamido ribonucleotide）を経て，5位のアミノ基が再びホルミル化されると環化し，**イノシン一リン酸**（inocine 5-monophosphate，inocinate，**IMP**）として**プリン環**が形成される。

イノシン酸のカルボニル基がアスパラギン酸のアミノ基で置換されてアデニロコハク酸（adenylosuccinate）となったのち，フマル酸が離脱した**アデノシン一リン酸**（adenosine 5-monophosphate，adenylate，**AMP**）が導かれる。一方，イノシン一リン酸酸が酸化されてキサントシン一リン酸（xanthylate 5-monophosphate）となり，ここにグルタミンからアミノ基置換を受けることで，**グアノシン一リン酸**（guanosine 5-monophosphate，guanylate，**GMP**）が導かれる（**図12.13**）。

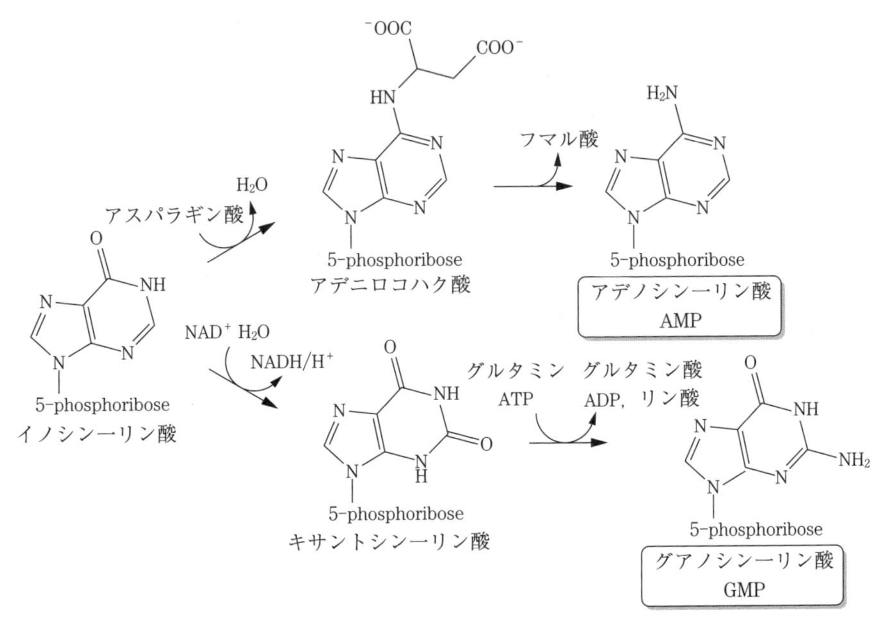

図12.13　イノシンから，アデノシン，グアノシンの合成

12.2.2　ピリミジンヌクレオチドの合成

プリン環がリボース上に構築されていくのに対し，**ピリミジン環**（pyrimidine）はリボースとは独立に構築されたのち，改めてリボース（ribose）に導入される（**図 12.14**）。ピリミジンの合成は，炭酸水素イオンにグルタミンからアミノ基が転移し，ATP によるリン酸化を経てアスパラギン酸と縮合することから始まる。この *N*-カルバモイルアスパラギン酸（*N*-carbamoyl aspartate）が再び脱水縮合したジヒドロオロト酸（dihydroorotate）が酸化されてオロト酸（orotate）となり，これが5-ホスホリボシル-1-*α*-ピロリン酸（PRPP）の 1 位炭素に求核置換し，オロチジン-5-リン酸（orotidine 5-monophosphate，orotidylate）となり，これから脱炭酸を経て**ウリジン-5-リン酸**（uridine-5-monophoaphate，uridylate，**UMP**）が導かれる。

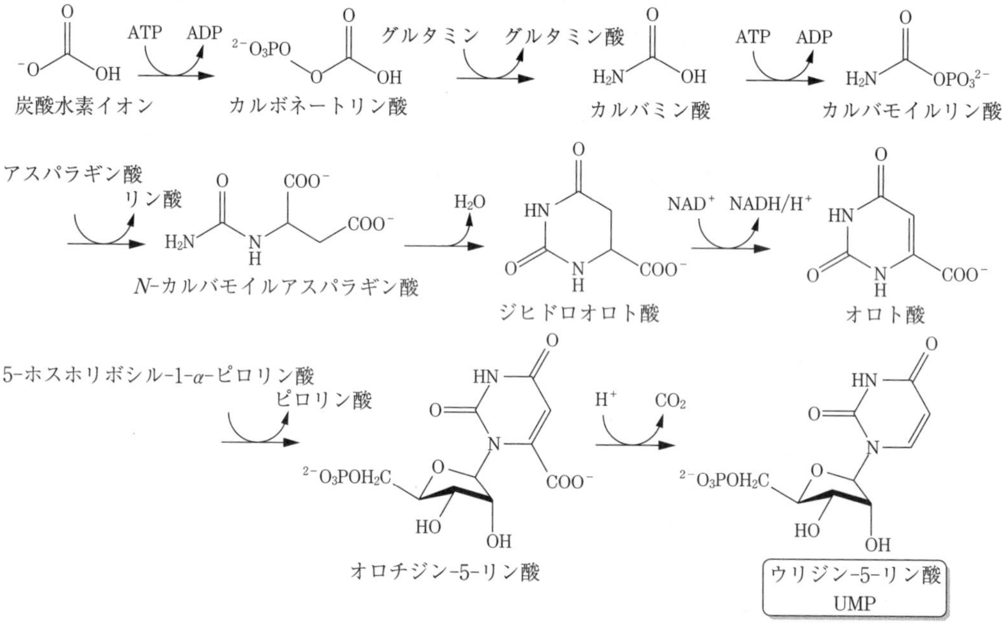

図 12.14　炭酸水素イオンから始まりウリジンが合成される

AMP は，アデニン酸キナーゼ（adenylate kinase）により 2 回リン酸化されて ATP となる。GMP，UMP は，ATP から 2 回ずつリン酸単位を供与され，それぞれ **GTP**，**UTP** となる。

UTP は，グルタミンからアミノ基置換されることで，**シチジン三リン酸**（cytidine triphosphate，**CTP**）となる（**図 12.15** 上）。DNA のモノマーであるデオキシリボヌクレオチド二リン酸（dNDP）は，リボヌクレオチド二リン酸（NDP）を還元して得られる（図 12.15 中）。また

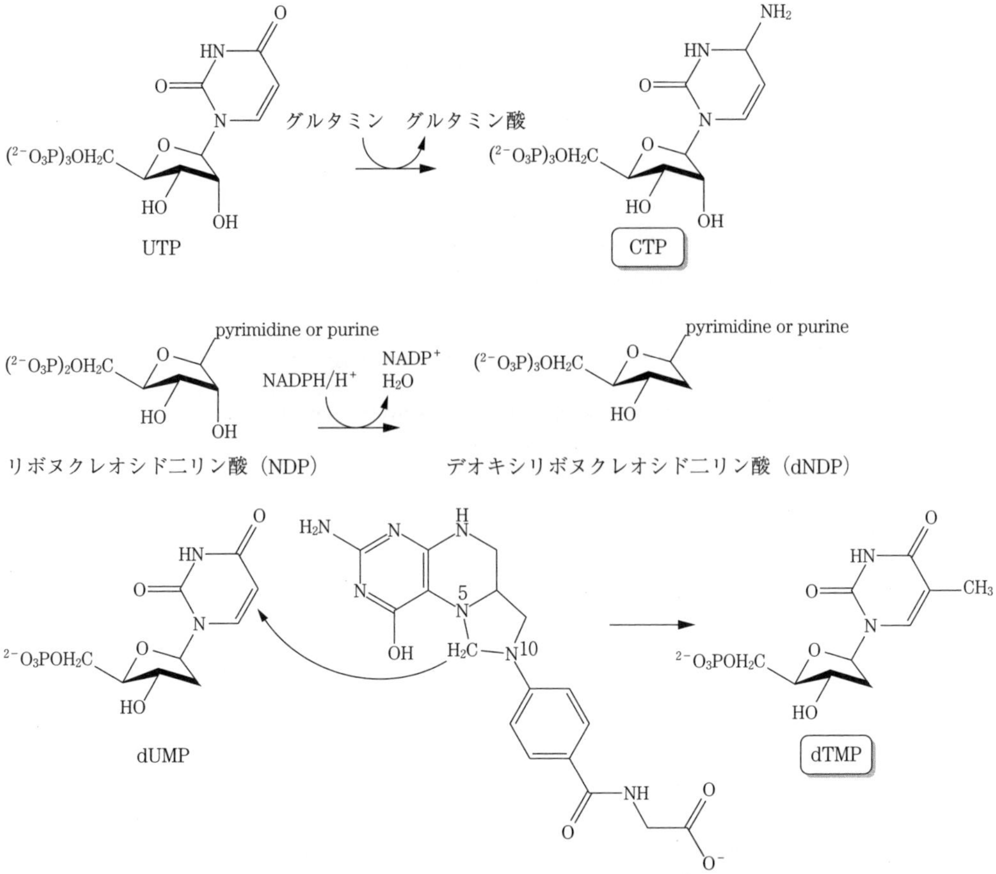

グルタミン
グルタミン酸
UTP
CTP
pyrimidine or purine
NADPH/H⁺
NADP⁺
H₂O
リボヌクレオシド二リン酸（NDP）
デオキシリボヌクレオシド二リン酸（dNDP）
dUMP
dTMP

N^5, N^{10}–メチレンテトラヒドロ葉酸（N^5, N^{10}–メチレン THF）

図 12.15 CTP，デオキシリボ核酸，dTMP の合成

デオキシチミン-5-リン酸（dTMP）は，補酵素 N^5, N^{10}-メチレン THF からデオキシウリジン-5-リン酸（dUMP）にメチル基が転移して合成される（図 12.15 下）。

章 末 問 題

―この章の理解を深めるために―

問題 12-1　アミノ酸合成に関わるいくつかの酵素を**問表 12.1** に挙げた。基質と生成物を特定し，補酵素が関わる場合はそれを含め，それぞれの反応機構を示しなさい。

問表 12.1

基　質	生 成 物	酵　素	EC
		Serine (glycine) hydroxymethyl transferase	2.1.2.1
		Aminomethyl transferase	2.1.2.10
		Glycinedehydrogenase	1.4.4.2
		Dehydrolipoyldehydrogenase	1.8.1.4
		Aspartate-ammonialigase	6.3.1.1
		Glutamine synthetase	6.3.1.2
		Tryptophane synthase	4.2.1.20
		Phosphoserinephosphatase	3.1.3.3
		Diaminopimelateepimerase	5.1.1.7
		Homoserine *O*-succinyl transferase	2.3.1.46
		Cystathionine-β-lyase	4.4.1.8
		3-Phosphoshikimate 1-carboxyvinyltransferase	2.5.1.19
		Phosphoribosylanthranilate isomerase	5.3.1.24
		Indole-3-glycerol phosphate synthase	4.1.1.48

問題 12-2　ヌクレオチド合成に関わるいくつかの酵素を**問表 12.2** に挙げた。基質と生成物を特定し，補酵素が関わる場合はそれを含め，それぞれの反応機構を示しなさい。

問表 12.2

基　質	生 成 物	酵　素	EC
		Phosphoribosylglycinamide formyl transferase	2.1.2.2
		Phosphoribosylaminoimidazolecarboxyamide formyltransferase	2.1.2.3
		Phosphoribosylformylglycinamide cyclo-ligase	6.3.3.1
		Phosphoribosylaminoimidazole carboxylase	4.1.1.21
		Formate phosphoribosylaminoimidazolecarboxyamide ligase	6.3.4.23
		Phosphoribosylamine-glycine ligase	6.3.4.13
		5-(Carboxyamino)imidazole ribonucleotide synthase	6.3.4.18
		GMP synthase	6.3.5.2
		Carbamoyl-phosphate synthase	6.3.4.16
		Dihydroorotase	3.5.2.3
		Orotate phosphoribosyl transferase	2.4.2.10
		Ribonucleotide diphosphate reductase	1.17.4.1

引用・参考文献

参考文献

1) M.W. Powner, B. Gerland and J.D. Sutherland："Synthesis of activated pyrimidine ribonucleotide in prebiotically plausible condition," *Nature*, **459**, pp.239-242（2009）

2) R.F. Geteland, J. F. Atkins："The RNA world," Cold Spring Harbar Laboratory Press（1993）

3) S.A. Wolfe, L. Nekludova and C.O. Pabo："DNA recognition by Cys2His2 zinc finger proteins," *Annual Review of Biophysics and Biomolecular Structure*, **3**, pp.183-212（1999）

4) GE ヘルスケアライフサイエンス："ゲル濾過クロマトグラフィー", https://gelifesciences.co.jp/technologies/gel-filtration/index.html

5) GE ヘルスケアライフサイエンス："イオン交換クロマトグラフィー", https://gelifesciences.co.jp/technologies/gel-filtration/index.html

6) E. Houchuli, H. Döbeli and A. Schacher："New metal chelate absorbent selective for proteins and peptides containing histidine residue," *J. Chromatography*, **411**, pp.177-184（1987）

7) J. マクマリー（児玉三明 ほか訳）：有機化学　第８版，p.1047，東京化学同人（2013）

8) B. Trzaskowski, D. Latek, S. Yuan, U. Ghoshdastider, A. Debinski and S. Filipek："Action of molecular switches in GPCRs —theoretical and experimental studies," *Current Medicinal Chemistry*, **19**(8), pp.1090-1109（2012）

9) P. Agre："The aquaporin water channels," *Proc Am Thorac Soc.*, **3**(1), pp.5-13（2006）

10) M.V. Clausen, F. Hilbers, H. Poulsen："The Structure and Function of the Na, K-ATPase Isoforms in Health and Disease," *Frontiers in Physiology*, **8**, p.371（2017）

11) R. Saiki, S. Scharf, F. Faloona, K. Mullis, G. Horn, H. Erlic and N. Arnheim：" Enzymatic amplification of beta-globin genomic sequences and restriction site analysis for diagnosis of sickle cell anemia," *Science*, **230**(4732), pp.1350-1354（1985）

12) 日本化学会 編：化学便覧　基礎編　改訂５版（2004）

13) V.A. Bloomfield, D.M. Crothers and I.Jr. Tinoco："Nucleic acids, structure, properties, and function," University Science Books（1999）

14) J.D. Watson, F.H. Crick："Molecular Structure of Nucleic Acids: A Structure for Deoxyribose Nucleic Acid," *Nature*, **171**(4356), pp.737-738（1953）

15) K. Hoogsteen：" The crystal and molecular structure of a hydrogen-bonded complex between 1-methylthymine and 9-methyladenine," *Acta. Crystallographica*, **16**(9), pp.907-916（1963）

16) R.R. Breaker："Riboswitches and the RNA world" in R.F. Gesteland, T.R. Cech, J.F. Atkins, Eds., "The RNA world" 4th edition, Cold Spring harbor Laboratory Press（2006）

17) P. Edman, E. Högfeldt, L.G. Sillén and P-O Kinell：" Method for determination of the amino acid sequence in peptides," *Acta. Chem. Scand.*, **4**, pp.283-293（1950）

18) T.Z. Yuan, C.F.G. Ormonde, S.T. Kudlacek, S. Kunche, J.N. Smith, W.A. Brown, K.M. Pugliese, T.J. Olsen, M. Iftikhar, C.L. Raston and G.A. Weiss：" Shear-Stress-Mediated Refolding of Proteins

from Aggregates and Inclusion Bodies," *ChemBioChem*, **16**(3), pp.393-396 (2015)

19) I. Tyuma, K. Imai, K. Shimizu：*Biochemistry*, **12**(8), pp.1491-1498 (1973)

20) O.S. Tee："The stabilization of transition state by cyclodextrins and catalyst," *Advances in Physical Organic Chemistry*, **29**, pp.1-85 (1994)

21) J.F. Bazan and R.J. Fletterick：" Viral cysteine proteases are homologous to the trypsin-like family of serine proteases: structural and functional implications," *Proc. Natl. Acad. Sci. USA*, **85**(21), pp7872-7876 (1988)

その他の参考図書

1) I.Jr. Tinoco ほか（猪飼　篤・伏見城譲 監訳，桜井　実 ほか訳）：バイオサイエンスのための物理化学　第5版，東京化学同人 (2015)

2) J. McMurry and T. Bgley（長野哲雄 監訳，井上英史 ほか訳）：生化学反応機構　第2版，東京化学同人 (2018)

3) L. Stryer：Biochemistry 3rd edition, W. H. Freeman and Company (1988)

タンパク質の構造，酵素触媒反応など，インターネット上で活用できるデータベース

1) Protein Data Base（PDB）：構造バイオインフォマティクス研究共同（Research Collaboratory for Structural Bioinfomatics, RCSD）が運営するタンパク質構造のデータバンク；http://www.rcsb.org/pdb/home/home.do

2) Kyoto Encyclopedia of Gene and Genomics（KEGG）：京都遺伝子ゲノム百科事典，遺伝子，タンパク質，代謝などの情報を統合したデータベース；http://www.genome.jp/kegg/

3) Braunschweig Enzyme Database（BRENDA）：Braunschweig 工科大学が運営する酵素とその基質，生成物，反応などに関わるデータベース；http://www.brenda-enzymes.info/

索　　引

―― 著 者 略 歴 ――

1990 年　東京工芸大学工学部工業化学科卒業
1995 年　東京工業大学大学院博士課程修了（バイオテクノロジー専攻）
　　　　　博士（工学）
1995 年　ハーバード大学医学校研究員
1996 年　日本学術振興会特別研究員兼任
1999 年　東京工業大学助手
2001 年　科学技術振興事業団研究員
2002 年　芝浦工業大学専任講師
2007 年　芝浦工業大学准教授
2013 年　芝浦工業大学教授
　　　　　現在に至る

ケミカルバイオロジー基礎
Introduction to Chemical Biology

2020 年 6 月 5 日　初版第 1 刷発行　★

検印省略

著　　者　濱（はま）崎（さき）　啓（けい）　太（た）
発 行 者　株式会社　コ ロ ナ 社
　　　　　代 表 者　牛 来 真 也
印 刷 所　新日本印刷株式会社
製 本 所　有限会社　愛千製本所

112-0011　東京都文京区千石 4-46-10
発 行 所　株式会社　**コ ロ ナ 社**
CORONA PUBLISHING CO., LTD.
Tokyo Japan
振替 00140-8-14844・電話(03)3941-3131(代)
ホームページ　https://www.coronasha.co.jp

ISBN 978-4-339-06761-3　C3045　Printed in Japan　（金）